JN172257

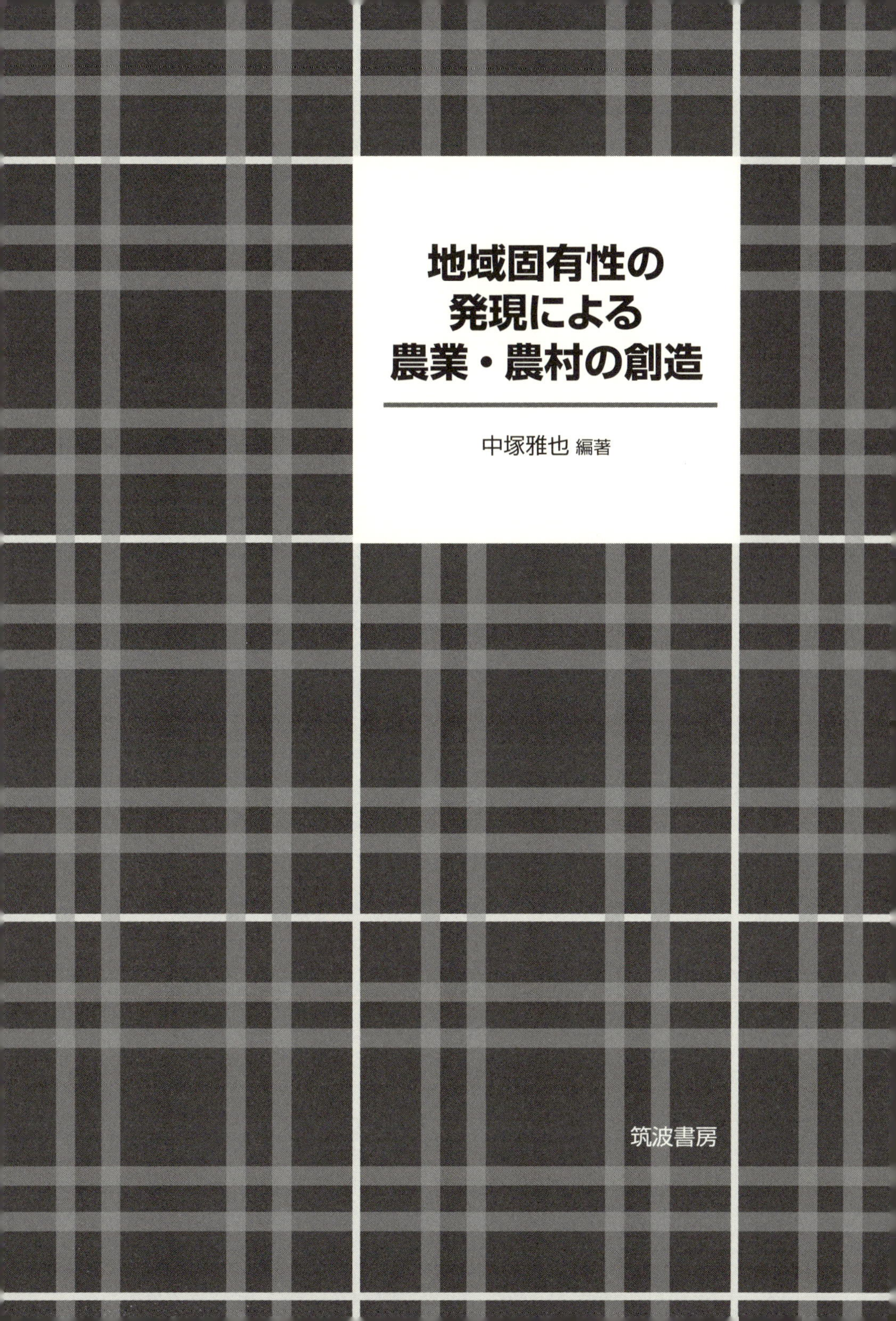
地域固有性の
発現による
農業・農村の創造
中塚雅也 編著
筑波書房

目　次

序章
いまなぜ地域固有性か
―本書の課題―

中塚　雅也

第1節　世界の均質化と地域固有性

グローバリゼーションの進展にともない世界の均質化が進んでいる。経済や政治のシステムから，商品やサービス，食や文化の分野まで，さまざまなものが世界中で共有化，統一化されるようになってきた。「マクドナルド化」や「スターバックス化」という言葉に現わされるように，そうした流れは，抗うことができないものとして世界の隅々まで浸透している。また同時に，多くの生物種の消失が急激に進んでおり，生物多様性の保全は世界共通の課題ともなっている。

一方，我が国に目をむけると，世界の動向と軌を一にしながら，経済，文化，人口など様々な側面での東京一極集中がすすんでいる。特に，農村地域では，これに連動して，高齢化，過疎化が進み，次世代の担い手が不足するという問題も抱えている。

そうした中，それぞれの地域が育み，伝えてきた有形無形の資源，知識や技術などが失われつつある。なかでも農業においては，近代化を進める中で，化学肥料や農薬の利用，F1品種や遺伝子組み替え品種の利用が拡がり，生産性の向上や省力化の面で大きな効果を示す反面で遺伝的多様性の喪失や栽培技術の画一化などが問題となっている（星野・中塚などによる一連の地域ナレッジ研究）。また，そうした生産様式，生活様式の変化を受けて，動植物との関係においても，外来種の侵入，イノシシ，シカ，サル等による獣害の拡大が社会的な問題となっている。

このような農業・農村問題については，これまで個別の学問分野で研究が重ねられてきたが，地域問題として一体的に分析されていないのが現状である。一方で，これら諸問題を，地域の新しいサービス・商品の「資源」として捉えなおし，農村地域の内発的な社会経済発展につなげるモデルの確立が望まれている（中塚 2011）。その際に必要とされるのは，地域の固有性に関する多角的な評価・分析であり，それらを地域の特産品やサービス開発につなげるマーケティングと関連づける視点である。

第2節　地域固有性を発現させる多様なアクター

やや矛盾した言い方になるが，地域固有性があると思われているものも，実は，その地域固有でないことが多い。地域固有とは，簡単に言えば，「その地域だけにある」という意味であるが，その際，そもそも「地域」の範域が曖昧であるとともに，他との違いという点においても，比較の水準も定まっていない。例えば植物であれば，DNAレベルから形質レベルまで，どの水準でみるかによって，相違の線引きは異なる。また，これに固有「性」と，「傾向」や「らしさ」を示す言葉が加えられると，「地域固有の傾向」，「地域固有らしさ」などと，ますます曖昧な概念となる。

本書では，基本的に地域固有性を，人による認知的な概念として捉えるところから議論をスタートさせる。自然科学的で客観的な概念と思われがちな「地域固有」を抜き出したとしても，その地域の範囲と他と区別化する要素の水準を人が規定することが必要となり，その意味では主観的な概念といえる。つまり，論理的には，自ずと地域固有であるものは存在せず，人が介在して始めて地域固有のものは生まれる。すなわち，地域固有性は生み出され，発現させることができるのである。

こうした視点から，地域固有性を発現させ，それを地域の内発的な発展に繋げるには，様々なアクター（主体）の相互作用の重要性に着眼することとした。その際に，このアクターを，人的なものだけでなくモノや自然など物的で非人間的なものまで対象を拡張して考えるという，アクターネットワーク理論（Actor Network Theory（ANT））の考え方を取り入れることとした。アクターネットワーク理論は，1980年代後半に提唱され（Callon, et al, 1986），科学技術の社会学的実践理論として発展してきた理論である。ネットワークの構成要素として人間や社会と対等に自然やモノを取り扱うこと，要素還元主義，固定論でなく，生成・変容論であることなどが理論的な特徴であり，モノや自然の行為能力（agency）を認め，それらを行為者（actor）として捉える。本書は，純粋にこのアクターネットワーク理論に依拠した研究ではないが，議論の根底に流れる理論的背景として常に意識しながら議論と分析を進めており，特に第３部における地域の関係主体の相互作用の分析などは，その影響が色濃く反映されたものとなっている。

第３節　本書の目的と構成

本書の素朴な問いは，与えられた自然環境と人々の営みの相互作用によって，それぞれの地域で培われてきた資源を，今後どのように維持し，農村地域の発展に活かすことができるかというものである。

先に述べたようにグローバリゼーションは，「地域固有性」を急速に失わせる抗いがたい潮流ではあるが，一方で，その強さは，逆，または新たな相互作用を生み出し，同質化と同時に差異化も生み出す過程とみる指摘もある。本書もそうした主張と同調し，地域固有性を，単に荒波から守ることを目指すのではなく，グローバルな外部の力とつながりながら，地域固有性をどのように創り出すのかという，いわゆるネオ内発的発展論といわれる立場にたって議論をすすめていく。

本書の構成は次の通りである。最初に，第１部「地域固有性の論理」として，そもそも地域固有性とは何かという点について整理する。農業・農村関連分野においても様々な解釈や類似の用語が多く存在する。そのためまず社会科学的な視点からの関連用語の整理をおこなった上で（第１章），植物学や生態学の立場から，DNAレベルから人との関係性のレベルに渡る整理をおこなった（第２章，第３章，第４章）。加えて，農業農村のあり方を規定する土壌（第５章），さらには農村集落の固有性（第６章）まで，各々レビューを中心としながらも事例を踏まえて，全体として学際的に多面的な整理を試みた。

次の第２部「農の現場における地域固有性」では，実際の農業の現場において，どのように地域固有の種や技術が評価され，生み出されているのかについて研究ベースでまとめた。具体的には，まず，兵庫県と京都府を事例地として，在来品種である丹波黒と鷹池大納言の特産化のプロセス（第７章）と遺伝的特性（第８章），そして地域特性に応じた固有の土作りの仕組み（第９章）についてその課題とともに明らかにする。そして，一方で，当該地域の農業の継続に不可欠ともなっている農薬が，地域の生態系に及ぼしているというジレンマを専門的なメカニズムとともに示す（第10章）。その上で，そうした生産側の分析とは視点を変え，消費側から地域固有性にアプローチするのが後に続く章である。そもそも地域固有性が人の認知によるもので，相互作用によって形成されることを仮説的に示すとともに（第11章），地域や環境に配慮すること，同じ文脈上でいえば，地域固有性を大切にすることが，消費者にどのように評価され，どのようなメリットをもたらすのかについて明らかにする（第12章）。

第３部は「地域固有性を育む地域づくり」として，多様なアクターの相互作用（ネットワーク）により，地域固有のものが新しく生み出されたり，引き継がれたりしながら地域の発展につながっていくプロセスを３つの実践事例を通して述べている。１つ目は，大学が基点となったネットワークにより新しい地産品が開発された事例（第13章），２つ目は，空き家の改修利用が，空き家自体がアクターの機能を果たしながら連鎖していく様子を示した事例（第14章），３つ目は，失われつつある小規模な産地が，アクターの連携によって継承されていくプロセスと要点を明らかにしようとした（第15章）。

そして，最後に，以上の結果をまとめた上で，地域固有性を活かしたオルタナティブな農業・農村の創造の方向性を示すことを目指した。

なお，本書は地域固有性をテーマに，大きく農学分野の研究領域の中ではあるものの，社会科学的視点と自然科学的視点を組み合わせて学際的にアプローチした。その意味では挑戦的な試みであり，各章の整合性には，不十分なところも多く残る。苦心と無力の跡とお許しいただきながら，全体を通して，地域固有性と農業・農村の発展に関する立体的な理解の一助になれば幸いである。

参考文献

Arjun, A.（1996）Modernity at large : Cultural Dimensions of Globalization, Minneapolis, Minneapolis: University of Minnesota Press.（門田健一訳『さまよえる近代―グローバル化の文化研究』平凡社、2004年）

Callon, M., Law, J., Rip, A., eds.（1986）Mapping the Dynamics of Science and Technology: Sociology of Science in the Real World, London: Macmillan.

中塚雅也（2011）「多様な主体の協働による地域社会・農林業の農かさの創造」『農林業問題研究』第46巻第4号, 405-415頁。

星野敏（2005）「望まれる農村の暗黙知の保全」『農業と経済』第74巻第8号, 110-118頁。

第1部

地域固有性の論理

第 1 章
農産物と地域固有性

國吉　賢吾

第1節　はじめに

人類はこれまで，身近な植物を自らの食料とするため農作物として栽培し，種を選抜，改良しながら，世代を超えて引き継いできた。その過程において，必然的に農産物は，ある一定の地域に固有の特徴を持つようになってきた。このような地理的分布は，生物一般でもみられ，分布が特定の地域に限定されている種（たね）や生物種は，固有種と呼ばれている（日本育種学会，2005；亀山他，2006など)。しかしながら，こうした固有種は，人間活動と地球環境の変化の影響を受けて急激に減少しており，その対策は世界的な課題となっている。

こうした農産物の固有性に関しては，さまざまな用語や概念が存在するが，一般には，十分理解されないまま，時に混同しながら用いられていることも多い。また，本書における後の議論のためにも整理が求められる。そこで本章では，農産物の地域固有性に関係する主な用語として，固定種，F_1品種，在来種，郷土種，エアルーム，伝統野菜，テロワールを取り上げ，その定義や関係性の整理を試みることとした。

第2節　農作物利用の変遷

人類による植物の利用は，基本的には，良質な農産物を安定的に生産し，その生産性を向上させることを目的としてきた。具体的には，環境への適応性，病虫害への耐性，収穫量や食味などの経済性，作業の管理効率の向上などがその基準となる。あわせて農産物の形質が均一的に発現されることも重要視され，そうした目的に沿った品種改良が行われてきた。その技術は，常に新しく開発更新，応用されてきたが，時の変化とともに中心的に利用される技術は変化している。

日本の野菜生産を例にとると，江戸時代から明治時代初期は「在来種」が中心となっていた時代である。そして，明治時代中後期から昭和30年頃までは「固定種」，さらに，昭和40年以降は「F_1品種」の時代といわれるように変化し，発展してきたといえる（阿部，2015)。また，近年では遺伝子組換え技術の急激な発達により，遺伝子組換え品種も多く開発されている。またその一方で，そうした改良種子が大企業によって一元的に管理されるようになりつつあるという問題も生まれてきている。

このような人間活動と経済の発展に伴った「種」の一元化，言いかえれば地域性の喪失，に対するアンチテーゼとして，生態系や地域の風土・文化との関係性に対する関心が近年高まっている。具体的には，地域で自生してきた「郷土種」，地域で維持されてきた「在来種」の保全や利用の促進，さらにはイエ，家系といった更に小さい単位で継がれてきた「エアルーム」への注目，さらに「テロワール」など，品種とは離れた視点に立って地域性を強調する動きも見られる。

このように農作物の利用については，生産性の向上を目的とした品種改良の大きな潮流がある一方で，生態系や地域との関係性を重視する逆の流れが近年見られつつあるという理解のもと，これらの用語について，次に順番に確認していくこととする。

第３節　農産物の地域固有性に関する用語

1）固定種

固定種は，元々人々が各地で様々な理由により維持してきた在来種をもとにして新たに開発されたものである。農産物の流通をより効率化するためには，農産物のもつ形質の均質性が重要であり，在来種の形質の不揃いな点が問題であると考えられた。種の形質を固定させるために選抜が繰り返されることで，より安定した形質をもつ固定種が生み出される。

品種の固定について種苗法では，同一の繁殖段階の植物体のすべてが特性で十分類似し，全部または一部の特性によって他の品種と明確に区別され，繰り返しの繁殖後もすべての特性が変化しないこととされている。固定種は，形質が変わらないように固定された品種であるため，その株から種子を採ると，親品種と同じ形質に育つ（阿部，2015）。固定種では，形質が固定されているという点が重要である。またほぼ類似の意味を持つ用語であり，共通の祖先を持ちながら形質が固定されている固定系統は，厳密に遺伝的に純粋な系統（純系[(1)]）でなくても，実用的に支障のない程度に固定されたものである（日本育種学会，2005）。つまり，形質の固定は重要であるものの，厳密な遺伝的な一致までは重視されていない。以上の整理より，固定種とは実用的に支障のない程度に遺伝的に形質が固定された種であろう。一般的に，生産目的の種子として販売されているものは固定種かF_1品種であるため，F_1品種と記載されていない販売種子は固定種と考えて良いだろう。

2）F_1品種

F_1品種（雑種第一代品種，first filial generation）は，農産物の安定生産体制を向上させるために育種技術を利用して育成されたものであり，それまで農業生産の場で中心的に利用されていた固定種を使用することで生み出された。F_1品種とは，遺伝的に異なる両親間の交雑により，両親間に生まれた子孫の最初の世代であり，親の優性形質や雑種強勢を利用したものである（日本育種学会，2005）。具体的な利用上の利点として掛け合わせた親品種に比べて，生育や耐病性がより優れ，形質や品質も揃い，収量も高くなる（阿部，2015）。つまり，F_1品種は優性形質の継承と雑種強勢という現象を利用して生産性向上を目指した育種技術により生み出されてきた。以上の整理から，F_1品種とは異なる２種類の親品種を掛け合わせて作り出した農業生産上の利点を持つ品種である。20世紀前半にF_1品種が世界で初めて生み出されて以降，技術の進展とともに品種の開発も進んでいる。日本では，1950年にタキイ種苗（株）によって自家不和合性利用によるアブラナ科野菜のF_1品種が発表され，さらに雄性不稔などの新たな技術に伴って1960年代からは世界各地で数多くの品種が開発されている。

３）在来種

在来種には，大きく分けて２通りの定義がある。一つ目は自然分布している点を重視するものであり，もう一つは長期間栽培されている点を重視するものである。

在来種は，自然分布している範囲内に分布する種（亀山，2006），また元々その地域に自然分布していた生物（農林水産省，2009）である。在来種においては，その生物が本来有する能力で移動できる範囲（環境省，2015）である自然分布域が重視されている。それぞれ，野生や特定外来生物との対比という異なった領域で使用されているが，ここでは共通する定義として，自然分布する範囲に存在する種と考える。

一方，在来種の定義としては，人によって栽培されている点について重視するものも多い。在来種は，その地方に長年，栽培されてきて風土に適応した品種（船越，2002），また古くから栽培されている固定種で，通常は栽培が特定の地域に限られている（松本他，2007）。つまり，特定の地域での長期栽培が重視されており，使用上形質は固定されているといってよい。しかし，在来種は遺伝的に雑駁で粗雑な品種であるため，その株から種子を採っても形や大きさが不揃いで，親と同じ形質には育たない場合が多く，在来種の採種には品種特性の維持（固定）という採種目的が欠けており（阿部，2015），形質の固定という面は元々重視されていない。まとめると，栽培されている点を重視する在来種の定義として，地域で長期間栽培されており，厳密な形質を固定する目的は持たれないが，概ね形質は固定されている種として定義できる。

以上の内容を踏まえて，在来種に関する両方の定義における共通性を考えると，在来種は一定期間，厳密な形質を固定するという目的を持たれないまま，特定の地域に存在している種である。また，在来種と類似する用語として，在来品種がある。一般に在来品種とは，本書で取りあげる丹波黒や鷹池大納言といった，何らかの品種名がついた在来種と考えてよいだろう。しかし，実際の現場では，何らかの品種名のついた在来種も存在しているため，明確に用語が使いわけられているわけではない。

４）郷土種

郷土種は，生態学，造園学，緑化工学などにおいて用いられることが多い用語である。1980年代の緑化工学における法面の緑化に関する書物にその用語の使用が見られ，近年では森林公園の整備や環境影響評価などでも重視されている。法面緑化は当初，外来種子を主とする法面草によって行われてきたが，法面の保護力，生態学の重用，管理などの関係から，わが国にあった法面緑化材料の模索が始まり，郷土種の活用が進められるようになった（中島，2004）。郷土種は地域に自生分布する植物（亀山，2006）であり，また昔からその土地に生育してきた樹木をその地方の郷土樹（中島，2004）という点から，郷土種は地域に自生する種としてよいだろう。郷土種は，在来種の自然分布に関する一面を表現した用語であるとも捉えられる。また，ある地域に自然に存在する種であり，人間によって偶然あるいは意図的に導入されなかった自生種（日本緑化工学会，2005）ともほぼ同様の意味であるが，地域への導入が人によって意図的に行われたかについては郷土種ではあまり重視されていない。近年の動きとしては2015年，環境省によって公表された自然公園における法面緑化指針などにおいても生態系に配慮するとして，植物導入の際には原則地域性系統の植物のみ使用できるとされ，郷土種の活用が進められている。

5）エアルーム（Heirloom）

Heirloomという言葉は欧米で，もともと先祖代々からの財宝という意味で使用されてきた。日本ではエアルームは家宝種とも称され，使用されている例はまだ少ないが近年，少しずつ取り上げられつつある。エアルームは，ある一定期間の栽培，また家族や集団によって保全されているものである（Clemson University，2016）。また，通常50年から100年程度もしくはそれ以上の間，世代から世代へと受け継がれてきたものであり，香りや食味によって選抜されてきたため，形質は固定されている（Kaiser and Ernst, 2013）。エアルームは形質が概ね固定されているが，保全を行っている主体はどちらも家族などの小さな集団であり，それらの主体が形質を固定するための確固たる技術をもっているとは考えにくい。エアルームはその元々の言葉の意味からも，家族などの集団で家宝のように世代を超えて継承されてきたものであり，形質が固定されているといったことよりも，その種の伝承や伝統といった点がより重視された用語である。以上の整理から，エアルームは家族などの集団によって継承されてきた種としてまとめられる。

6）伝統野菜

伝統野菜とは，各地で古くから作られている地方野菜（草間，2014）である。各地でわずかな生産者によって細々と作られている地方野菜を地域の伝統野菜としてブランド化しようとする動きは1970年代の京野菜に関する事業から始まり，以降は全国的に動きが展開している。地方野菜とはなんだろうか。地方野菜・地方品種は，渡来した野菜がそれぞれの地域の気候・土壌・食生活・地域的行事などに対応するように選抜・固定が繰り返されて分化し，成立した品種である（芦澤，2002)。以上の整理より，伝統野菜の定義としては各地域の風土や文化に合わせて形質が固定されてきた品種としてよいだろう。それぞれの地域で異なる風土や文化に合わせて形質が固定されてきた品種も，また異なる形質をもっている。伝統野菜を地域のブランド品として活用する具体的な例として，近畿圏で2017年度には，京都府の「京の伝統野菜」として37品目，大阪府では「なにわの伝統野菜」として18品目，奈良県では「大和野菜」として25品目が指定されるなど，各地域で生産される農産物を差別化し，付加価値を高める方法として自治体や農業団体を中心に取り組みが進められている。

7）テロワール

テロワール（terroir）は，欧米において産地間で異なるワインの価値を表現するために生み出された概念であり，現在ではワイン以外の農産物においても使用されている用語である。ワインの元となるブドウの栽培者にとっては，その価値を高めるような規範を拠り所にして，原産地を保護していくことが，ワイン商の支配から抜け出す唯一の手段であり，商標などよりも原産地を重視するための規範として栽培者が実現してきた（オリヴィエ，2012)。つまり，ワインにおいてテロワールは，栽培者が栽培をしないで加工・販売する者たちとの対立の結果，勝ち取ったワインに関する評価の規範である。

テロワールは人々が俄かには操作することの困難な土壌的要素であり（飯塚，2013)，その土地の性質が重視されている。また土地の性質に限らず，地域的微気候，斜面の日射などからくる農業上独自の適正（ピット，2012）を含めた意味でも用いられている。商品の品質は，産地の気候や風土，地勢といった地理的諸条件に起因しており（石川，2014)，その地域のもつ地理的な条件によって産地の商品価値が決定される。さらに地理的な条件とともに，人間の労働や文化までをもテロワールの意味として含めた議論（オリヴィエ，2012）もある。以上をまとめると，テロワールは商品に個性を与える人が操作することのできない地理的条件や人間文化である。

第4節　用語の位置づけ―生産性軸と関係性軸―

以上のように農産物と地域に関連する用語を列挙してきたが，ここで改めてそれらの関係性を整理してみる。**図1-1**は各用語の関係を概念的に示したものである。

水平の軸は，左から右にむかって，農産物の生産性を向上の軸，言い換えれば，品種改良の発展を示した軸である。この軸において，先に提示した用語は，左から，郷土種，在来種，エアルーム，固定種，F_1品種の順で位置づけられる。地域で長期間栽培されてきた種である在来種をもとに，人為的な選抜で形質を固定させる技術によって固定種を作り出し，そして育種の交配技術の発達によりF_1品種が開発された。さらに近年では，その延長線上に遺伝子組み換え技術を用いた品種も新たに生み出されている。一方，固定種やF_1品種がグローバルに管理され，多くの地域に導入されるという大きな潮流

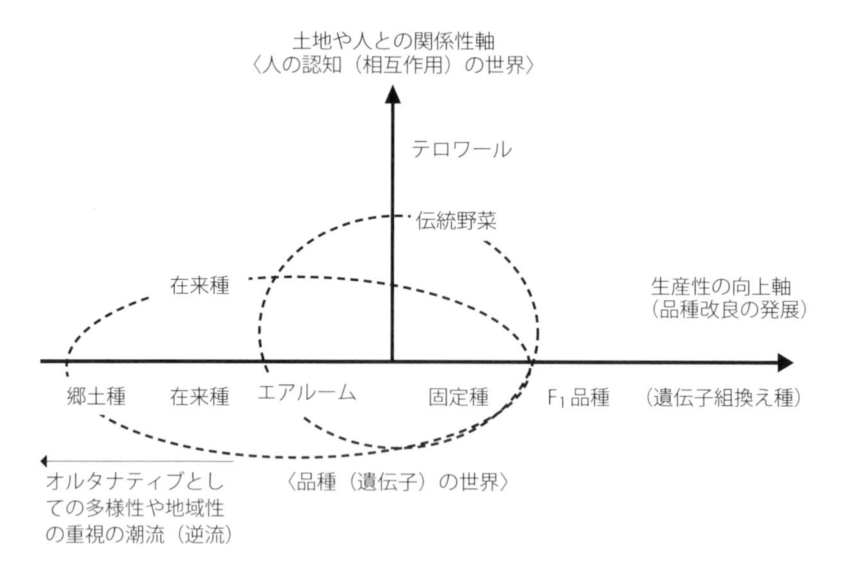

図1-1　地域固有性に関する用語の関係性

に対して，オルタナティブな，いわば「逆流」として注目されてきたのが，エアルーム，在来種，郷土種という用語である。先に述べたように，エアルームは家族などの集団によって継承されてきた種であり，種としてみた場合，農産物の形質は固定種とまで言えないまでも概ね固定されている。また，在来種も，ある一定の地域において，人によって栽培されてきたことでエアルームと同様に品種の特性はほぼ固定されているだろう。しかし同時に，自然分布しているという意味をも含んでいるため，生産性向上を目指す部分とそうでない部分の両者の意味をもつ用語である。最後に，郷土種であるが，地域に自生する種のことを指し，人為的な行為がほとんど伴わず，遺伝的な固定はなく，生産性についてはまったく考慮されていないため，一番左側に位置づけられる。

その一方で，こうした生産性向上を目指す品種や遺伝子の世界とは異なる評価軸，つまり，人の認知（人と人の相互作用）の世界があることも明らかになった。具体的には，土地や人との関係性を評価する軸である。象徴的な用語はテロワールであるが，この概念には品種などの遺伝的要素は含まれていない。テロワールでは，その土地の性質，気候，日射，さらには労働や文化といった人と土地との関係性が重視される。もちろん生産の現場では品種も大事にされるが，その用いられている品種，そして生産物の食味値などは，テロワールの評価には関係しないことが多い。

その他にも，在来種や伝統野菜といった用語にも一部，そうした要素が含まれている。在来種は，特定の地域において人に長い期間栽培されてきたといった地域の人との関係性の有無を意味として含んでいる。そのため，在来種は，単に遺伝的な側面のみに着目した用語でなく，図中，破線で示すように，土地や人との関係性軸にまで広がるものといえる。また，伝統野菜も同様に広がりがある用語であるが，伝統野菜は必ずしも在来種である必要はない。伝統野菜は，一定期間，各地域の風土や文化に合わせて形質が固定されてきた品種であり，地域の土地や人との関係性が重視されている用語である。もともと地域に存在し，形質が概ね固定されていたエアルームや固定種を利用したものとも言われている。その形質は，その土地条件にあわせて，ある程度選抜を繰り返された結果，品種的には固定種と同程度のものとなっている場合が多い。以上のような関係もあわせてまとめたものが**図1-1**である。

第5節　おわりに

以上，本章では，農産物と地域との関係性についての諸用語について改めてその定義や用いられ方を整理した。そして，生産性の向上を主軸に諸用語を位置づけた上で，近年ではそうした方向性と逆のものが評価される潮流もあることを確認した。遺伝子レベルでの改良を繰り返してきたが，それがあまりにも強く種の画一化，多様性の低下を招いていることの反作用であろう。一方で，テロワールなどのように，農産物の価値を品種や遺伝子に求めず，人の認知（相互作用）に求めるという考え方があることも確認した。

今回取り上げた用語は，十分でないまでも，農産物の地域固有性を考える上で基礎的なものといえよう。軸となる潮流を理解しながらこの先の議論を深めてほしい。

注

（1）純系（pure line）は，すべての遺伝子座，厳密にいえばゲノムの全領域についてホモ接合である同一遺伝子型の個体からのなる系統（日本育種学会，2005）。

参考文献

Home and Garden Information Center at Clemson University「Heirloom Vegetables」（http://www.clemson.edu/extension/hgic/plants/pdf/hgic1255.pdf）［2016年1月30日参照］.
Kaiser, C.・M. Ernst（2013）「Heirloom Vegetables」（http://www.uky.edu/Ag/NewCrops/introsheets/heirloom.pdf）［2016年1月30日参照］.
J. オリヴィエ（2012）「20世紀初頭のフランスにおけるワインの「典型性」をめぐる議論と原産地呼称」『明治学院大学法学研究』93号，蛯原健介訳，205-220頁。
J. R. ピット（2012）『ワインの世界史：海を渡ったワインの秘密』幸田礼雅訳，

原書房。
芦澤正和（2002）『地方野菜大全』農山漁村文化協会。
阿部希望（2015）『伝統野菜をつくった人々 「種子屋」の近代史』農村漁村文化協会。
飯塚俊太郎（2013）「NPM型行政改革の「意図せざる帰結」の分析に向けた準備的考察：行政学におけるテロワールとセパージュ」『早稲田政治公法研究』102号，47-60頁。
石川武彦（2014）「農林水産物・食品の地理的表示保護制度の創設（上）地理的表示保護に係る国際協定と主要国の現状」『立法と調査』354号，43-57頁。
環境省（2015）「外来種被害防止行動計画用語集」(https://www.env.go.jp/nature/intro/2outline/actionplan/yougo.pdf)［2017年12月５日参照］。
亀山章・小林達明・倉本宣（2006）『生物多様性緑化ハンドブック』地人書館。
草間壽子（2014）「伝統野菜にみる地域名と地図（特集　食で辿る地図)」『地図情報』34巻１号，8-12頁。
中島宏（2004）『緑化・植栽マニュアル　計画・設計から施工・管理まで』経済調査会。
日本育種学会編（2005）『植物育種学事典』培風館。
日本緑化工学会編者（2005）『環境緑化の事典』朝倉書店。
農林水産省（2009）「野生鳥獣被害防止マニュアル―アライグマ，ヌートリア，キョン，マングース，タイワンリス（特定外来生物編）―」(http://www.maff.go.jp/j/seisan/tyozyu/higai/h_manual/h22_03.html)［2016年１月30日参照］。
船越建明（2002）『野菜の種はこうして採ろう』創森社。
松本正雄・大垣智昭・大川清編者（2007）『園芸事典』朝倉書店。

第2章 DNAからみた植物の地域固有性

吉田　康子

第1節　はじめに―DNAからみる植物の地域固有性とは―

固有種（endemic species）とは，その分布が大陸を超えず特定の地域に限定されている種であり，別の大陸にまたがって広い範囲に分布する種を汎存種（ubiquitous species）という（日本育種学会編，2005）。つまり地域固有の種とは，ある特定の地域にしか分布していない種をさす。しかし一方で，DNAの観点から地域固有性をみると，日本全国に広範囲で分布している種でもその地域にしかない固有の遺伝的組成をもっている場合，その種は地域固有の遺伝的組成をもつといえる。

野外に生息する一般的な植物種では，個体が等間隔に生育しているわけではなく，ある程度かたまって生育している。これを「集団」または「地域個体群」と呼ぶ。主に種子繁殖や栄養繁殖を行う植物では，母親から近い場所で種子の散布や栄養繁殖器官の伸長が起こるため，個体がまとまって集団を形成する。これは固着性の植物の特徴であり，自ら移動することのできる動物とは異なる。

個体はそれぞれ独自の遺伝子組成をもち，これを遺伝子型と呼ぶ。そのため栄養繁殖で増えた個体はすべて同じ遺伝子型となる。集団の遺伝的組成とは，集団を構成する個体の遺伝子型の頻度や遺伝子構成によって考慮され，２つの集団の遺伝的組成が異なるほどその集団は遺伝的に分化しているといえる。植物種の分布域は，狭い範囲（例えば同じ市町村）に複数の集団が存在する場合もあれば，それぞれの都道府県に多くても集団が一つしかない場合や西日本にしか存在しない場合など，種によって分布が様々であるため，何をもって“地域”とするかは状況や人に応じて異なる。自分たちが考える地域に一つしか集団が存在していなければ，その集団の遺伝的組成をその地域の遺伝的組成とみなすこともできる。このようにそれぞれの地域で特有の遺伝子構成をもち，他の地域や集団とは遺伝的組成が異なっている場合に地域固有の遺伝的組成をもつという。

第2節　地域固有の遺伝的組成が生じる要因

地域固有の遺伝的組成が生じる主な要因として，「遺伝子流動」，「自然選択」，「遺伝的浮動」，「突然変異」が挙げられる。遺伝子流動とは，花粉や種子による遺伝子の交流をいい，集団間で遺伝子流動が多いほど，集団の遺伝的組成の類似度が高くなる，つまり遺伝的に近くなる。植物は固着性のため，遺伝子流動は花粉と種子の移動によって生じるが，その移動距離には限りがある。他家受粉（異なる個体に由来する花粉が柱頭に受粉すること）を行う他殖性の植物は，遺伝的に近い個体との交配が続くと近交弱勢が生じてしまうことから，花粉をより遠くへ飛ばすために自家受粉（同一個体に由来する花粉が柱頭に受粉すること）を行う自殖性植物よりも花粉が遠くへ移動しやすい。花粉の移動距離や移動方法も植物種によって異なり，風や虫，鳥などにより花粉が媒介されて受粉することを，それぞれ風媒受粉，虫媒受粉，鳥媒受粉という。風媒植物にはスギ科やマツ科など裸子植物が多く，その花粉の移動距離は数百mから数km，時には数十kmにもおよぶ。またイネ科植物も代表的な風媒植物のひとつである。一方でソバやナタネ，サクラソウのような虫媒受粉の花粉の移動距離は，花粉媒介昆虫（ポリネーター）の移動距離に大きく依存し，周辺の開花している個体の数（密度）によっても変化する。ポリネーターは花粉や蜜を求めて長い距離を移動するほどエネルギーをたくさん消費してしまうことから，短い距離の移動で効率よく花粉や蜜の採取ができる開花密度の高い場所では花粉の移動距離が短くなる。反対に開花個体数が少なく，十分な花粉や蜜が採取できない場合には，遠くへ移動するポリネーターとともにポリネーターに付着した花粉も数十mから数百m移動する。花粉の移動距離が短い植物種ほど遺伝子の交流距離が短くなるため，集団間で遺伝的に分化しやすい。このように遺伝子流動は，地域固有の遺伝的組成を抑制する働きをもつが，他の３つの要因は集団間の遺伝的分化を促進させ，地域固有性を高める働きをする。

自然選択とは，生物の特徴をより環境に適したものに進化させるメカニズムのことであり，自然淘汰ともいう。例えば，一年生で他殖性の虫媒植物の集団のなかに，様々な大きさの花弁をもつ個体が存在していたとする。種子生産によって次世代を残すためには，ポリネーターに訪花してもらい，他の遺伝子型の個体の花粉を運んでもらう必要がある。仮に花弁の小さい花にはポリネーターが訪花しにくく，花弁の大きな花にはポリネーターがたくさん訪花すると仮定する。その場合，訪花頻度が低い花弁の小さい個体ほど種子生産率が低く，訪花頻度の高い花弁の大きな個体ほど種子生産率が高くなる。この場合，花弁の大きな個体は子孫を残しやすいことから，世代が進んだ集団では花弁の大きな個体が増加する（大きい花弁になる遺伝子の頻度が増加する）と考えられる（**図2-1**）。このように何世代にもわたって自然選択により適応度の高い個体が選抜された結果，集団中にその環境に有利な遺伝子をもつ個体が増加する。集団が生息する環境によってそれぞれ有利な遺伝子が異なるため，長い時間をかけて集団固有の遺伝的組成が生じる。しかし多年生植物の場合，同じ遺伝子型が集団中に何十年以上も生存するため，**図2-1**のようなわかりやすい遺伝組成の変化はみられない。自然選択の有名な事例として，イギリスのオオシモフリエダシャクの工業暗化がある。明色のオオシモフリエダシャクは，明るい色のコケや幹にうまく溶け込むことができていたため，暗黒色の個体に比べて捕食者に見つかりにくかった。しかし産業革命以降，工業地帯では煤煙により樹木が黒くなった影響で，黒い幹の上では暗黒色の個体がカモフラージュに適するようになり，黒色の個体の捕

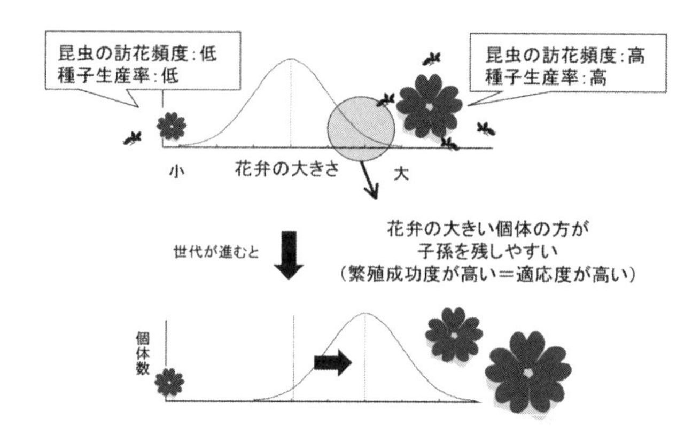

図 2-1　ある他殖性の虫媒植物における集団中の個体数の変化

注：花弁の大きな個体ほどポリネーターの訪花頻度が増加すると仮定した場合，自然選択によって花弁の大きい個体が増加する。

食率が減少した。その結果，工業地域では非工業地域に比べて暗色の遺伝子頻度が増加し，明色から暗黒色にシフトしていった。なお，これまで述べてきた自然選択とはnatural selectionを指し，主に自然界で生じるものである。一方，人間の意図的な選抜は人為選抜（artificial selection）と言い，人間が自分たちの目的にあった個体を選抜することである。

遺伝的浮動とは，集団の遺伝的組成が偶然に（確率的に）変化することであり，集団内の個体から任意交配によって生じた次世代の遺伝子頻度が前の世代の遺伝子頻度と異なることである。特に小集団化した集団においては遺伝的浮動の影響を受けやすく，遺伝子の消失や遺伝子頻度の大幅な変動が起こりやすい。例えば，7個体からなる二倍体の小集団（7つの遺伝子型）においてA遺伝子とB遺伝子とC遺伝子の遺伝子頻度のそれぞれ0.43，0.43，0.14だったとする（**図2-2**）。集団内の任意交配によって生じた次世代の個体の遺伝子型がたまたま**図2-2**のようになった場合，C遺伝子のように次世代で偶然に消失してしまうことがある。

突然変異も地域固有の遺伝的組成を促進する。突然変異は染色体レベルと

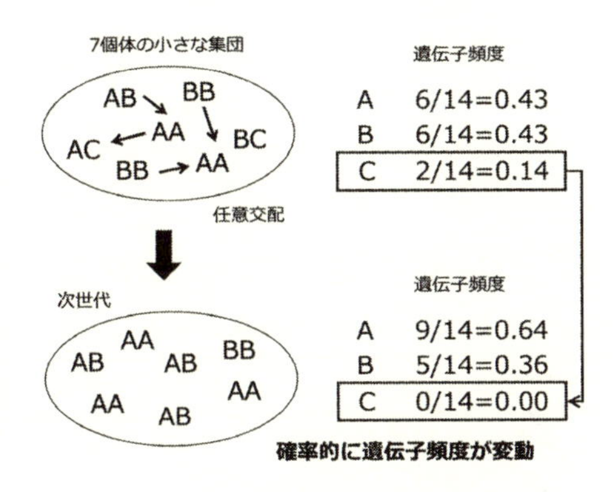

図 2-2　７個体の小集団での遺伝的浮動による３つの遺伝子頻度の変化

遺伝子レベルでそれぞれ生じ，ゲノムによっても突然変異が生じる確率が異なる。津村（2012）がまとめた結果によると，３種類の植物ゲノムにおいては，核ゲノム，葉緑体ゲノム，ミトコンドリアゲノムの順で突然変異が起こりやすい。また突然変異によって生じたすべての変異が蓄積されるわけではなく，個体にとって不利な変異は次世代には残りにくいため集団中から消失していく。一方で，生存に有利である変異や生存に中立（無関係）な変異は集団内で蓄積され，これらが自然選択を受けることによって集団間の遺伝的分化の促進つまり集団固有の遺伝組成につながる。

集団間の遺伝的分化が進むほど，地域固有の遺伝的組成が生じやすい。集団間の遺伝的分化のしやすさは，上記の要因以外にも，分布域や生活環（一年生，多年生など），交配様式（自殖，他殖など），種子散布（重力，風，動物など）など様々な要因と強く関連しているため，植物種によっても大きく異なる。自分の対象とする植物種の特徴をきちんと把握することが必要である。

第３節　地域固有の遺伝的組成を評価することの重要性

遺伝的多様性は種の適応進化の基盤であり，環境変動に対応していくために不可欠である。遺伝的多様性が高いほど潜在的に進化する可能性を秘めている（Frankham et al., 2002），つまり種として様々な遺伝子型を持っているほど，予期せぬ様々な状況にも対応しやすく，適応進化できる可能性があるということである。そのため種の長期的な存続には個体数だけでなく，遺伝的多様性の維持も重要である。特に種子繁殖だけでなく栄養繁殖も行う多年生の植物種では，十分な個体数があったとしても，すべて同じ遺伝子型の個体である可能性もあるため，見た目の数の多さだけで判断をしてはいけない。一般的に種の遺伝的多様性は集団内変異と集団間変異で構成されている。集団内変異とは各集団が保有する遺伝的多様性であり，多様性が高いほど集団の長期的な存続が見込まれる。生育地の分断化などによって引き起こされる集団内の個体数の減少は近親交配を進めるため，繁殖能力や生存率の低下による絶滅の危険性を増大させる。一方，集団間変異は集団内に遺伝的変異が存在する場合に，自然選択や遺伝的浮動によって生じる。集団内に様々な遺伝子型をもつ個体がいることで，はじめてその環境により適した個体が選抜されるため，遺伝的変異がない集団では自然選択も遺伝的浮動も働かず，固有の遺伝的組成は生み出されない。集団間や集団内にどの程度の遺伝的変異が保有されているかが非常に重要となる。

一般的に自然選択によって分化した集団は，それぞれ異なる自然選択を受けて自生地の環境に適応した結果，その集団に固有の遺伝的変異（地域固有の遺伝的組成）を保持している。その反面，その環境に不利な遺伝的変異は淘汰されていくため，集団内の遺伝的変異は小さくなる。各集団の長期的な存続には，それぞれの環境に適した遺伝的組成を維持していくことが必要である。もし遺伝的組成が大きく異なる集団由来の個体を導入し，その個体との後代が生じた場合，交雑個体やそれ以降の世代で生存率や繁殖能力が低下する異系交配弱性（outbreeding depression）が生じる可能性がある。これはそれぞれの環境に有利な遺伝子が交配することによって，どちらの環境にも不適応な遺伝子をもつ個体が集団中に増えてしまうためと考えられている。他の集団の異質な遺伝子型が導入された時に，それぞれの自生地の環境に適応した最適な遺伝的組成の低下などが他の種でしばしば報告されている（Montalvo et al., 2001）。このため遺伝的組成の異なる集団間での個体の移動・導入は極力避けるべきであるが，現実には集団内の遺伝的多様性や個体数の急激な減少により，集団（または種）の復元には自生地外の個体の導入しか方法が残されていないケースもある。個体を導入する必要性があるかの判断は別として，その場合でも安易な導入は行うべきではないが，遺伝的な観点から導入しても問題ない個体を用いることでリスクを最小限に抑えることができる。そこで有効なのが保全単位である。これは進化的重要単位（Evolutionary significant unit）や管理単位（Management unit）とも呼ばれる。保全単位とは，Ryder（1986）が始めて提唱した概念で，歴史的また現在において適応的および遺伝的に分化した集団を保全する集団の単位のことであり，同じ保全単位内での個体の移動（導入）は問題ないとされている。近年では地域固有性を考慮した野生集団の復元や緑化のために，植物種の遺伝的多様性や遺伝構造の評価がなされていることからも，この保全単位は有益な情報となる。

第４節　絶滅危惧植物への応用

遺伝的組成は主に「葉緑体DNA」や「ミトコンドリアDNA」，「核DNA」の遺伝情報を用いて評価される。葉緑体DNAとは，葉緑体に存在するDNAのことで，ゲノムサイズが小さいことから，これまでに多くの種で塩基配列が決定されている。葉緑体DNAは，被子植物では母性遺伝，裸子植物では父性遺伝する。母性遺伝とは，母親のDNAのみ子供に伝わることで，父親のDNAは子供に伝わらない。一方，父性遺伝は父親のDNAのみが子に遺伝する。そのため葉緑体DNAをたどることで，同じ母親（または父親）の系譜に属する個体がどの地域まで分布しているかを調べることができる。また核DNAに比べて，塩基配列に変化が起こりにくいため，その系譜を追いやすいという利点もある。ミトコンドリアがもつ独自のDNAをミトコンドリアDNAと呼ぶ。ミトコンドリアDNAは動物も植物にも存在するが，葉緑体DNAは植物にしか存在せず，葉緑体DNAに比べて構造が複雑なため，葉緑体DNAの方がより研究が進んでいる。葉緑体DNAとミトコンドリアDNAをオルガネラDNAという。核DNAは，形質や形態，たんぱく質のほとんどの遺伝子を含んでおり，オルガネラDNAと独立して遺伝する。また父親と母親の両方が遺伝する両性遺伝である。つまり，母性（または父性）遺伝するオルガネラDNAは種子散布のみによって，核DNAは花粉と種子の両方で拡散する。風媒植物である樹木では風による花粉移動が広範囲にわたるため，核DNAの集団間の遺伝的分化が小さく，オルガネラDNAの集団間の遺伝的分化が大きくなりやすい。このように同じ植物種でもゲノムによって見えてくる結果が異なるため，安易に誤った結論を出さないためにも複数ゲノムによる評価が望ましい。

これまで地域の遺伝的組成について説明してきたが，実際にこれらはどのように評価され応用できるのか，絶滅危惧植物“サクラソウ（*Primula sieboldii*）”の研究事例を紹介する。予期せぬ様々な要因に対して適応進化するためには遺伝的多様性が不可欠であるため，絶滅が危惧されている種ではまず現存集団にどの程度遺伝的多様性が保有されているのかを把握する必要がある。それらの結果に基づいてどのような集団を優先的に保全すべきか，どの範囲であれば個体の移動が可能なのか，などを推定することができる。北海道から九州およびアジア北東部に分布する虫媒性の多年生草本であるサクラソウは準絶滅危惧植物に指定されている。遺伝的組成を考慮した保全を目的として，葉緑体DNAと核DNAを用いた全国の野生集団の遺伝的多様性を評価したところ，葉緑体DNAから22個のハプロタイプ（オルガネラDNAにおける塩基配列の同じ遺伝子型）が見つかり，大きく3つの系統群に分かれることが示された（Honjo et al., 2004，**図2-3**，**図2-4**）。また核DNAの結果から，緯度が高くなるほど集団内の遺伝的変異が減少していることや地理的に離れている集団ほど遺伝的に分化していることも明らかになった（Honjo et al., 2009）。これらの結果に基づいて，Honjo et al.,（2009）は，全国の野生集団を4つの遺伝的グループ（北海道，東北，関東・中部，西日本）に分類し，それらを保全単位とした。このように複数ゲノムを用いることでより正確に遺伝的組成の評価が可能となる。また，集団間や地域間の遺

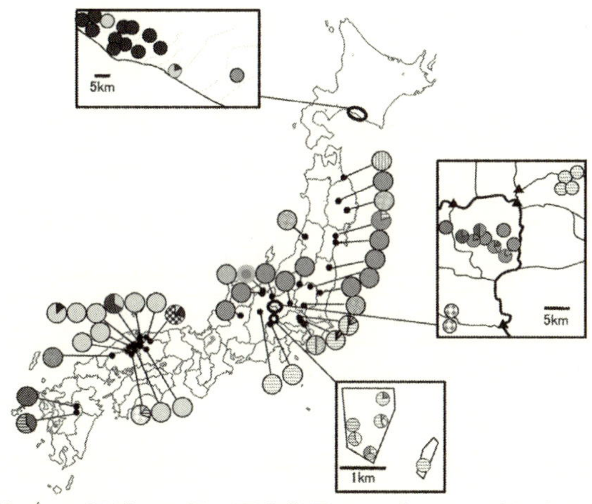

図 2-3　葉緑体 DNA 領域から見た野生集団のハプロタイプとその分布

注：野生 66 集団から 22 のハプロタイプが検出され，その多くは集団・地域特異的に分布していた。同じ色や模様は同じハプロタイプを示す。Honjo et al.,（2004）を一部改図。

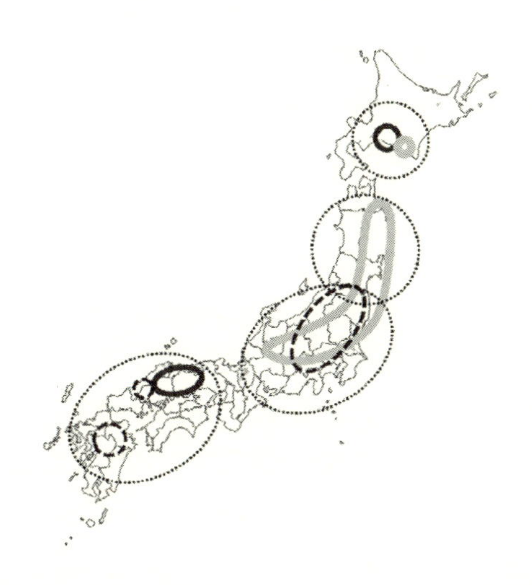

図 2-4　葉緑体 DNA と核 DNA からみたサクラソウの遺伝的グループ

注：３種類の太い線（実線または破線）は同じ母系を示し，細い点線は核 DNA で分類された４つの遺伝的グループを示す。Honjo et al.,（2004，2009）を一部改図。

伝的分化程度を把握することはその種の保全にも有益となりうる。

先に述べたように保全単位の決定には，適応的な遺伝的分化も考慮する必要がある。しかし，詳しい説明を省略するが，一般的に用いられるDNAの解析手法では適応的な遺伝的組成を評価することが難しいため，DNA解析に加えて生存に関係する形質に基づいて適応的な集団間の遺伝的分化も評価することが望ましい。DNA解析の結果から同じ保全単位に含まれた埼玉県と長野県の集団だが，生存に関連する出芽日は遺伝的に大きく異なっていることが明らかとなった（Yoshida et al., 2009）。埼玉集団は長野集団に比べて出芽が早く，出芽時期である春先の平均気温も高かった。自生地の気温が低い長野集団では，出芽の早い個体は予想外の遅霜や寒さによって死んでしまうことがあるため，耐霜性や低温耐性に関して適応した結果，集団内で出芽の遅い個体が選抜されてきたと予測された。一方で自生地の気温が高い埼玉集団では，出芽の時期が遅れてしまうと成長期間が短くなってしまうため，別種の草本植物との競合に有利な出芽日の早い個体が選抜されてきた可能性が考えられた。このように自然選択によって，集団間で適応分化している埼玉集団と長野集団は，異なる保全単位にすべきであることが明らかになった（Yoshida et al., 2009）。地理的に近いほど類似した遺伝的組成を持っていることが示された一方で，適応的な遺伝的組成は地理的距離に関係なく自然選択によりその環境に適した遺伝子がそれぞれ選抜されていることが示された。そのため地理的に近い集団からでも個体の導入は注意すべきであり，保全単位などの遺伝的組成を考慮したガイドラインが必要となる。このように同じ保全単位に属する他集団の個体であれば導入のリスクを減らせることができるが，できる限り他集団の個体導入は最終手段とし，まずは集団内の現存個体を用いた人工交配や土壌埋土種子（シードバンク）の探索を試みることが望ましい（吉田他，2012）。またサクラソウではアサインメントテストという手法を用いて，民家の庭先や鉢植え，野外など自生地外に生育している正体不明の個体の由来推定を行い，自生地の遺伝的多様性の復元や遺伝的組成のかく乱の防止などにも応用している。

近年では“国内外来種”が問題となっている。以前は，外来種と言えばもともと日本には生育しておらず，国外から入ってきた種というイメージがあり，日本の在来種の国内の移動は問題視されていなかった。しかし，様々な場面で地域固有の遺伝的組成のかく乱（特異的な遺伝子型の損失など）が生じていることから，法面などの緑化に用いる植物でもその産地や遺伝的組成を考慮しようとする動きがあるように（小林・倉本，2006），国内由来の外来種は深刻なリスクとして捉えられている。現在，日本固有の在来種であっても地域の遺伝的組成を考慮すべき時代に入り，ますます遺伝的組成の重要性が増していくと考えられる。「同じ種だから問題ないだろう」「近くの自生地で生育していたものだから大丈夫だろう」という考えで，購入してきた個体や他集団からの個体を安易に導入させてしまうことも少なく，植物に無関心な人よりも植物に興味がある人による善意に基づいて行われることもある。植物の保全活動は専門家や企業ではなく，自分の住んでいる地域を愛するボランティアによって成り立っている。DNA解析による情報は重要であるものの，現時点では残念ながらすべての植物種においてその準備が整っているとはいいがたい。DNA解析を企業に依頼することも可能だが，その解析費用は安価でない。また研究者に依頼する場合でも，すべての種に専門家がいる訳ではなく，誰でもがDNA解析が行える状況とは限らない。しかし，一番大切なことは正しい知識を得ることである。よかれと思って行った行動が，間違った知識によって望まない結果につながることもありうることを認識すべきである。そのため，様々なセミナーやイベント，子供たちへの野外活動などを通して，多くの人々が正しい知識を得られるような草の根活動を行っていくことが望まれる。正しい知識を身につけた地域の行政やNPOなどを中心として，このような活動が定期的に行われることを期待したい。

参考・引用文献

Frankham, R., J. D. Ballou and D. A. Briscoe.（2002）*Introduction to conservation genetics*, Cambridge, UK: Cambridge University Press.

Honjo, M., S. Ueno, Y. Tsumura, I. Washitani and R. Ohsawa.（2004）

Phylogeographic study based on intraspecific sequence variation of chloroplast DNA for the conservation of genetic diversity in the Japanese endangered species *Primula sieboldii, Biological Conservation*, Vol.120, pp.215-224.

Honjo, M., N. Kitamoto, S. Ueno, Y. Tsumura, I. Washitani and R. Ohsawa.（2009）Management units of the endangered herb Primula sieboldii based on microsatellite variation among and within populations throughout Japan. *Conservation Genetics*, Vol.10, pp.257-267.

小林達明・倉本宣（2006）「生物多様性保全に配慮した緑化植物の取り扱い方法－「うごかしてはいけない」という声に応えて」（小林達明・倉本宣編著『生物多様性緑化ハンドブック』地人書館）。

Montalvo, A. M. and N. C. Ellstrand.（2001）Nonlocal transplantation and outbreeding depression in the subshrub *Lotus Scoparius*（Faabaceae）. *American Journal of Botany*, Vol.88, pp.258-269.

日本育種学会編（2005）『植物育種学辞典』培風館。

Ryder, O. A.（1986）Species conservation and systematics: the dilemma of the subspecies, *Trends in Ecology & Evolution*, Vol.1, pp.9-10.

津村義彦（2012）「分子生態学のための基礎遺伝学」（津村義彦・陶山佳久編著『森の分子生態学２』文一総合出版）。

Yoshida, Y., M. Honjo, N. Kitamoto and R. Ohsawa.（2009）Reconsideration for conservation units of wild *Primula sieboldii* in Japan based on adaptive diversity and molecular genetic diversity. *Genetics Research*, Vol.91, pp.225-235.

吉田康子・小玉昌孝・本城正憲・大澤良（2012）「埼玉県荒川水系江川下流域に自生するサクラソウ野生集団における遺伝的多様性の維持・回復のための保全遺伝学的研究」『保全生態学研究』第17巻，211-219頁。

第3章 身近な生物の地域固有性

丹羽　英之

第1節　はじめに

生物多様性とは，すべての生物の間の変異性で，種内の多様性，種間の多様性，生態系の多様性を含む概念である。言い換えれば，ある地域に多様な生物が存在している状態を指す概念である。人間活動の影響で生物多様性は損なわれ続けており，地球環境問題の中でも，生物多様性の損失は地球の許容量を遙かに超え最も深刻な問題となっている（Rockström et al., 2009）（**図3-1**）。人類は生物多様性が生み出す生態系サービスとして生存しているが，すでに世界の陸地面積の58%において，人間社会を支えきれないほど生

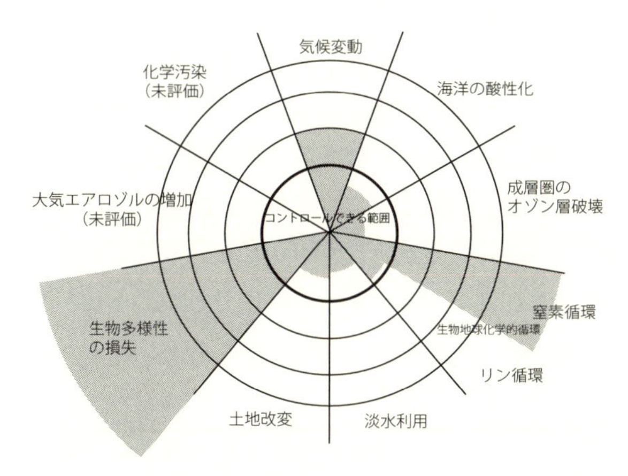

図 3-1　地球環境問題の現状（Rockström らを改変）

態系が劣化しているとする研究もある（Newbold et al., 2016）。人類の持続可能性を考える上で喫緊の問題となっている。

本来，農業は生物多様性が生み出す生態系サービスを賢く利用し食料を得る営みであるが，今日的には，雑草と害虫，害獣を排除し，作物という選ばれた生物種のみを残して，生物多様性を抑えることで営まれていることが多くなっている。特に近年，大規模化や機械化により，その傾向が顕著になっている。その結果，我が国の農地生態系の状態は，1960年代後半から悪化する傾向で推移しており，農村の生物多様性の損失が継続している（環境省，2016）。

農村に限らず，一般的に生物多様性の現状を把握する際には，まず，種の多様性をみることが多い。ここで注意を要するのは「種の多様性＝種数が多い」と誤解されていることが多いことである。もちろん，場合によっては「種の多様性＝種数が多い」となることもあるが，単純に等価にはならない。例えば，外来種を考えるとわかりやすく，ある地域の種の多様性を評価しようとするとき外来種を除外することがある。本来，その地域に分布していない種を多様性の評価軸から除外していることになる。では，ある地域で種の多様性が保たれているというのはどの様な状態なのか？　本来その地域に分布すべき種が残存している状態と捉えることができる。しかし，ここで問題となるのが地域の境界設定と本来分布すべき種の選定である。例えば，都道府県や市町村のように，地域は様々な空間スケールで定義が可能であるが，陸続きの場合は生物にとって意味のある境界を設定することは難しい。また，本来分布すべき種を選定するためには，種の分布の変遷に関する情報が必要になるが地域スケールになると資料が不足していることが多い。琉球諸島における種の多様性を評価（＝本来その地域に分布すべき種が残存している状態を評価）している例（久保田他，2017）はあるが，種の多様性＝本来その地域に分布すべき種の現状を評価することは，島嶼以外では難しい。

一方，生態学では，例えば，遺伝子の固有性などとして固有性という用語を用いるが，地域固有性という用語はあまり使用しない。類似した用語とし

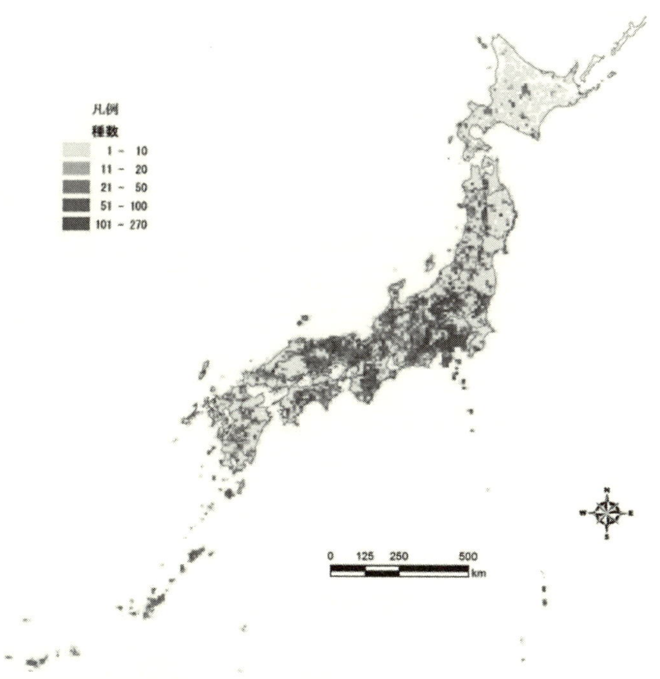

図 3-2 日本の固有種の確認種数（維管束植物）

注：脊椎動物と同じく，種数を単純にカウントした。なお使用にあたっては関東・中部・近畿周辺にある有名な標本採集地で種数が多い等の偏りが見られることに留意が必要。

て固有種という用語がある。固有種とは，分布が特定の地域に限定される種と定義される。島国である日本では，比較的，地域の境界を設定しやすく，例えば，イリオモテヤマネコは日本固有種であり，沖縄県の固有種であり，西表島の固有種と捉えることができる。ところが，日本全体で日本固有種がどこに多く分布しているのかを評価した例（(財) 自然環境研究センター，2012）（**図3-2**）はあるが，都道府県などの地域スケールで固有種を評価した例はあまりない。これは，イリオモテヤマネコのように島嶼に生息する種を除き，本州のように一連の陸地に地域の境界を設定し固有種を選定することが困難なことが一因だと考えられる。

そこで，「生物の地域固有性＝おそらく，その地域に分布し続けてきた種が残存している状態」という概念を提案したい。つまり，定義が明確で地域スケールで適用しにくい生物多様性や固有種という概念ではなく，「生物の地域固有性」という少し定義があいまいな概念をあえて加えることが，地域で生物多様性を保全していく上で有効だと考えたからである。例えば，○○市は生物の地域固有性が残っている，△△集落は生物の地域固有性が残っているというのは，○○市，△△集落では，おそらくその地域に分布し続けてきた種が残存しているという状態を表している。もちろん，「おそらく，その地域に分布し続けてきた種」は勝手に選定するのではなく，既存文献や地域の生物に詳しい人などの情報を元に選定することを想定するが，学術的な正確性は必要以上に追求しないということである。

本章では，農地生態系について概観し，生物の地域固有性の評価事例等を紹介し，生物の地域固有性という概念の有効性を検証する。

第2節　農村における動植物の地域固有性

日本では，里山に見られるように人間が利用することで維持されてきた生物多様性がある。伝統的な農業によって形成されてきた農地生態系は，多くの生物に生息場を提供してきたが，近代的な農業は機械化や大規模化などにより生物多様性を減少させてきた。これに対し，国土の保全，水源の涵養，自然環境の保全，良好な景観の形成，文化の伝承といった農地の食料生産以外の機能を多面的機能として再評価してきた。しかし，我が国の農地生態系の状態は，1960年代後半から悪化する傾向で推移している（環境省，2016)。農業による生物多様性への影響としては，圃場整備による用排水分離や水路のコンクリート化，乾田化，薬剤散布や過剰な草刈りによるハビタットとの劣化が大きい（日鷹他，2008)。その結果，農地生態系では絶滅危惧種が増加し，アカトンボ類やカエル類など農村に普通に分布し続けてきた種＝農村における生物の地域固有性が失われつつある。

第３節　生物の地域固有性の現状

1）生物情報を集める

生物多様性の現状を明らかにするためには，種の分布などの生物情報が不可欠である。例えば，環境省が実施する自然環境保全基礎調査に代表されるように，国は生物多様性の保全を考える上で重要となる生物情報を収集しているが，都道府県，市町村などスケールが小さくなるほど，その地域の生物多様性の保全を考えるために必要な生物情報が不足している。

一般に，現地調査により正確な生物情報を収集するためには時間と労力が必要である。また，生態系の複雑性，不確実性などにより，収集した生物情報から有用な考察を得られない可能性もある。そのため，現状では都道府県や市町村が生物多様性保全のために独自に生物調査を実施する事例は少ない。しかし，国勢調査による人口動態などの基礎情報をもとに行政施策が検討されるのと同様に，生物多様性の保全において，現状に関する科学的根拠となる生物情報がまったくないまま施策を検討することは問題である。

一方，環境問題の解決などにおいて市民科学の力が注目を集めている。市民科学とは，一般の人々によって行われる科学のことで，webやICT発展とともに社会への影響力が増している。生物情報についても市民により多くの情報が集められており，環境省もいきものログを立ち上げ生物情報を収集している。しかし，市民科学では収集された生物情報の信憑性が問題になることがある（宮崎，2016）。それは，専門家でない人が集めた情報は種の同定など学術的な正確性に欠ける可能性が高いことが理由である。そこで，本章で提案している生物の地域固有性という概念を用いれば，学術的な正確性に関するハードルを下げ，市民科学によって収集された生物情報を活用しやすくなる。例えば，農村でよく耳にする「昔は○○がたくさんいた」「△△は今でも見られる」といった情報も生物の地域固有性に関する情報として使えるのである。

2）篠山市の事例

兵庫県篠山市では2013年に生物多様性地域戦略（森の学校復活大作戦）を策定し農村における生物多様性保全施策を推進している。しかし，篠山市でも生物情報が不足しており生物多様性保全施策を検討する上での課題となっている。専門家による調査は実施が困難ななか，市民から得られた情報をもとに生物多様性保全施策を検討しようとしている。この市民からの情報収集を生物の地域固有性の現状を明らかにするための事例として紹介する。

（1）農家を対象としたアンケート調査（2014年度）

地域の特徴的な生物を紹介した資料（(財）兵庫丹波の森協会，2014）から農村に関わりの深い24種を選定し，写真と簡単な生態の説明をもとに，その種の分布の変遷を問う調査票を作成し，多面的機能支払交付金事業の資源向上支払（共同活動）に取り組む95活動組織を経て構成員に配布された。配布数は5,720票で有効サンプル3,247（回収率54％）であった。50歳～70歳の回答が多く回答者の居住年数は40年以上が多かった。調査対象とした種の多くで，今もみられる（数は減った），昔はみられたが今はみられない，減少の程度は激減とする回答が多かった（**図3-3**）。農村生態系の代表種であるゲンジボタルやメダカなど，昔いた生物が減っている，いなくなった＝篠山市から生物の地域固有性が失われつつある現状が明らかになった。対象種すべての結果をクラスター分析することで，いなくなった生物＝失われた生物の地域固有性の特徴から地域を区分することができた（**図3-4**）。

これらの結果は，回答者が生物種を確実に認識しているか，数の増減を定量的に把握しているかなど学術的な正確性を追求すると問題点があるが，篠山市における生物の地域固有性の現況を把握するための情報としては十分に活用できる結果である。

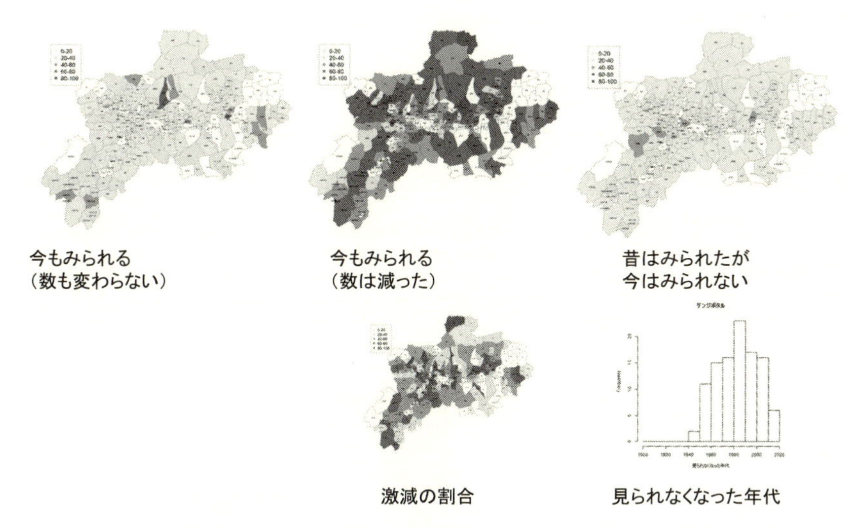

図3-3　農家を対象としたアンケート調査によるゲンジボタルの現状評価例

（2）農家を対象としたアンケート調査（2015年度）

2014年度の調査で認識率が高かった種の中から山・川・農地を指標する６種を対象種に選定した。対象種のシールと地図（縮尺1/2500）を配布し対象種を見かけた場所にシールを貼ってもらった。多面的機能支払交付金事業の資源向上支払（共同活動）に取り組む97活動組織経て自治会長に配布された。地図が回収できたのは197自治会のうち114であった（57.9％）。地図に貼られたシールは2,313カ所であった。シールの位置をGISでポイントデータにし密度を算出することで，６種の分布密度を推定した（**図3-5**）。調査対象とした６種は，“おそらく篠山市に分布し続けてきた種”であり，６種の密度が高い地域は生物の地域固有性が残った地域と考えることができる。

篠山市では，これらの情報を活かし，生物の地域固有性が残った地域でエコツーリズムが開催されるなど施策が展開している。

3）地図化の意義

農村では農業と生物保全が対立しやすく，様々な利害関係の調整を行う必要がある。そのため，科学的根拠に基づいて生物の地域固有性を保全する施策を展開することが重要である。その際，生物情報を地図化し情報を共有することが有効な手段となる。生物情報を地理情報データとして管理することで，地図化（＝見える化）が容易になるだけではなく，人口など様々な社会に関わる主題図と重ね合わせることができる。

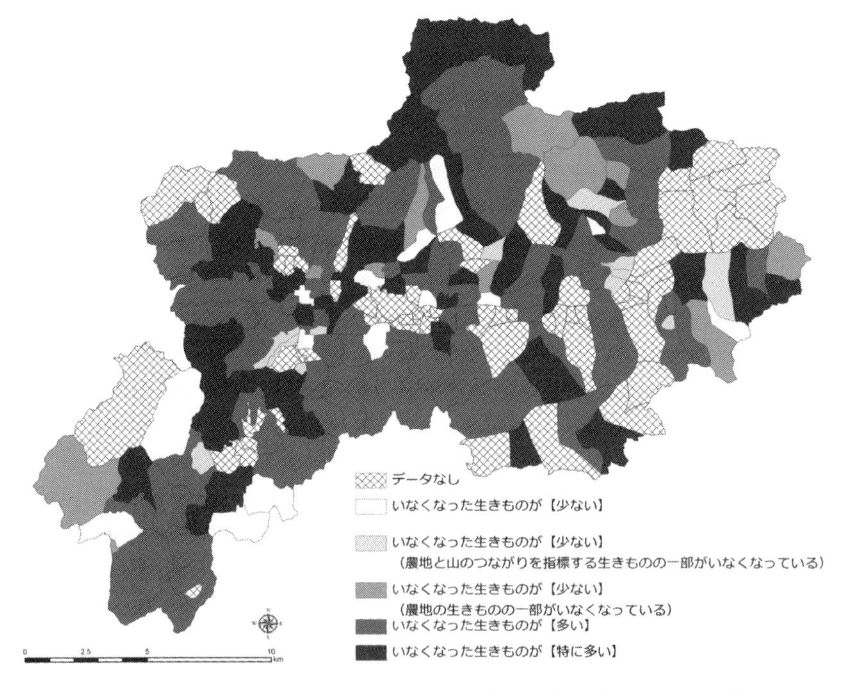

図3-4　アンケート調査をもとにした生物の地域固有性が残っている地域の評価例

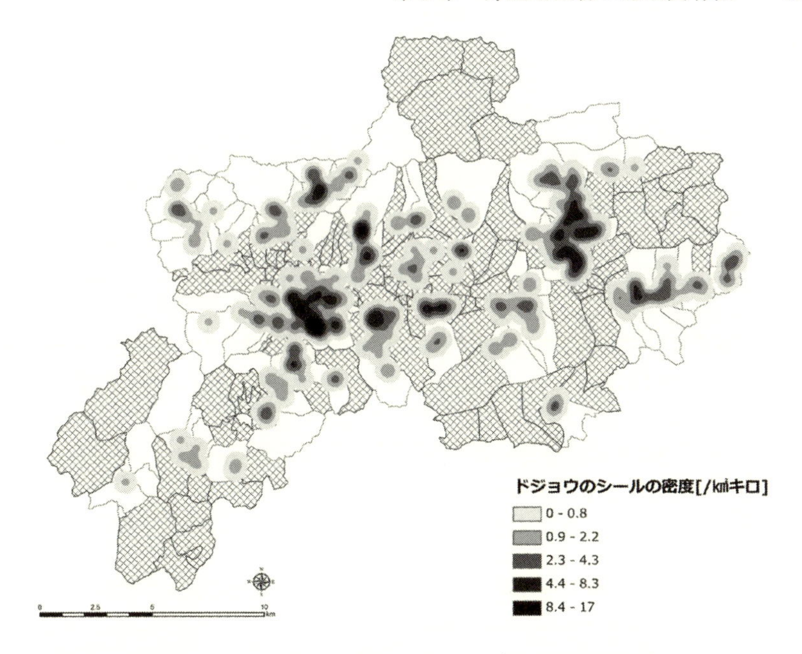

図 3-5　農家を対象としたアンケート調査によるドジョウの現状評価

第４節　おわりに

生物の地域固有性という概念を用いることで，生物情報が不足していたり学術的な正確性が不足していたりする場合でも，地域スケールで「おそらく，その地域に分布し続けてきた種が残存している状態」を評価できる。生物の地域固有性という概念は，生物多様性地域戦略策定後の具体的な取組を推進する一助となる可能性がある。さらに，篠山市の事例にみられるように，市民調査により得られた生物情報も生物の地域固有性という概念により活用が容易になり，地域に眠る生物情報を発掘し，生物多様性保全の取組につなげられる可能性がある。このように，生物の地域固有性という概念は，特に生物情報が不足することが多い，市町村スケールでの生物多様性保全を進めていく上で有効な概念だと考えられる。

引用文献

Newbold, T. et al.,（2016）Has land use pushed terrestrial biodiversity beyond the planetary boundary? A global assessment, *Science*, 353（6296），288 LP-291.

Rockström, J. et al.,（2009）A safe operating space for humanity, Nature, 461（7263），pp.472-475.

環境省　生物多様性及び生態系サービスの総合評価に関する検討会（2016）生物多様性及び生態系サービスの総合評価報告 http://www.biodic.go.jp/biodiversity/activity/policy/jbo2/jbo2/index.html ４.

久保田康裕・塩野貴之・藤井新次郎・楠本聞太郎（2017）「琉球諸島の生物多様性の固有性の解明とその保全に関する統合的研究」『自然保護助成基金成果報告書』25，公益財団法人自然保護助成基金，279-286頁。

（財）自然環境研究センター（2012）『生物多様性評価の地図化に関する検討調査業務報告書』

日鷹一雅・嶺田拓也・大澤啓志（2008）「水田生物多様性の成因に関する総合的考察と自然再生ストラテジ」『農村計画学会誌』第27巻１号，20-25頁。

（財）兵庫丹波の森協会（2014）『丹波地方の動植物「丹波地方の草木と生きものガイド」春・初夏編　夏・秋・冬編　改訂版』

宮崎佑介（2016）「市民科学と生物多様性情報データベースの関わり」『日本生態学会誌』第66巻１号，237-246頁。

第4章 野生植物の地域固有性と人々の暮らし

伊藤　一幸

第1節　はじめに

かつて，日本人は鳥獣虫魚や草木によって人は生かされ，命をいただいているという感覚が強かった。人々の生活は衣食住をはじめとして精神的なものとも関係して，身近な動植物から文化を形成してきた。衣類，住居，食物はほとんどが身近な植物由来のものであった。そうした植物に地域固有性があるのかといえば，隔離された遠くの島でもない限り，遺伝学的にはほとんどないといっていい（前川，1978）。種が同じで開花時期が揃えば交配して種子ができる。生態学的には標高の差が開花時期を変えるとか，湿地を好む，日陰を好むなどの違いがだんだんに生じているが，自然科学的には隔離が生じて新種が生まれるほどの差異ではない。

また，里山に生えているセンブリやオウレンなどの薬草の有効成分量は産地により，土性により少しずつ異なることが知られているが，これも地域固有性といえるほどのものでもない。しかし，身近の植物になじみが深かった頃には「○○産のワラビはぬめりがあっておいしい」，「△△山の石楠花（しゃくなげ）は黄色が映える」といった地域固有性が文化的に感じられた。これは人々の生活の中で植物となじみが深かったからであろう。親しみの度合いにより固有性は生まれると思う。社寺仏閣で大切にされてきた植物や祭りに用いられる植物，どんな山菜をいつどのように食べるのか，里山から集めてきた盆花の種類など，夏や秋の花が身近なものであると，それぞれの地域の文化と結びついて伝統となってきた。チガヤや秋の七草などがその例である（伊藤ら，2009）。野菜や作物であればこれまで大事にしてきた在来種，地域種は種子や栄養繁殖体を代々継ぐことによって，維持されてきた。丹波黒大豆，岩津ネギ，吹田グワイなどがその例であろう（山根，2007；吹田くわい保存会，2010）。したがって，野菜はおのずと地域固有性がみられるのに対し，野草は野外に連続して生えているのを利用してきたので地域性は低い。しかし，本章では野菜や農作物については触れないでおこう。

第２節では野生の植物に地域性（郷土種）があるのか農業者となじみのある山菜を例にして考えてみる。第３節では人と植物のこうした文化的な関係性がどうして崩れてしまったのかについて，エネルギー革命と除草剤使用の視点から考える。第４，５節では人はどのように，野生植物を利用してきたか，それがどのように，地域の文化や暮らしと関係しているのか。一方，野生植物は，どのように人の暮らしに影響を受けてきたのかについて考えてみる。とくに絶滅危惧植物に注目して，第４節では水田畦畔のレフュージア（避難地）としての役割，第５節では坪庭のレフュージアとしての役割について具体的に考えてみる。人と植物のこうした文化的な関係性が壊れかけていて，農業者であっても在来種と帰化種の違いを知らない人も多くなってきた。里山の比較的身近な植物が絶滅危惧の恐れがある中で，本章ではそのレフュージアが農村のどこにあるのか具体的に示した。それを今後どうすべきか最終節で提案する。

第２節　身近な植物と郷土種

野外の植物はその生育環境に様々な形で適応してきた。これは『種の分化と適応』（河野，1974）に詳しい。一か所に生育する植物の齢構成などをていねいに調べた一つひとつの種の内部構造と変異性，変異の固定と環境勾配による種内分化，移植実験などによって確認した種の分化と適応などについて，多くの野生種を例にして述べられている。様々な光環境，土壌条件，標高や積雪量などの違いと気象条件などに適応して植物は進化してきた。マイズルソウ，カタクリ，ギョウジャニンニク，アキノキリンソウなど，山地の下層の安定した環境に生育している多年生の在来草本はその環境にあった特性を持っていた。

これに対して，人里の雑草性の高い一年生植物は類似環境であれば世界中に拡散する特性を持つ。たとえば，大豆が生育できる畑に生える雑草は世界中の大豆畑でほぼ共通した種であり，メヒシバ，シロザ，スベリヒユなどの夏の畑雑草はこれに当たる。小麦が生育できる畑に生える冬雑草ではスズメノテッポウ，スズメノカタビラ，ヒメジヨオンなど越年生植物であり，水田ではイヌビエ，タマガヤツリ，コナギなどがこれに当たる。これらに，生える場所をとくに選ばないヒメムカシヨモギ，オオアレチノギク，シロクローバー，スギナ，シバムギなどを加えて，これらの雑草をコスモポリタン種と呼んでいる（伊藤，2013）。近年，こうした農耕地に世界共通の除草剤を散布することにより，ますます特定の種，特定の生物型が残存するようになり，大陸を越えて共通性がさらに高まっている（伊藤，2013）。この現象は反対に言えば，生物多様性が崩壊していることである。

多くの山菜は明るい里山に生育する在来の多年生植物である。山菜は野菜の代用品ではない。野菜が入ってくる以前から日本の重要な食料として位置づけられていた。山菜は待ちわびた春を舌で感じる里山の野草でもある。多少のアクがあり，苦みが春を感じさせるわけである。

春の七草はセリ，ナズナ，ゴギョウ（ハハコグサ），ハコベラ，ホトケノザ（コオニタビラコ），スズナ，スズシロであり，多少の変遷があったが，これらは関西の水田や畑の雑草や野菜である（湯浅，1993；山口，2013）。庭の花と異なり，畑や水田の雑草の新芽はキンポウゲ科やケシ科植物を除いてほとんどが食べられる。どれが食べておいしいかは長い年月の間に文化としてその地域に定着してきた。春先に野山の柔らかな新芽を食べることが農村文化であり里山の伝統であった。

一例を示そう。『ひょうごの山菜』（清水，2007）にベニバナボロギクが含まれている。本種はアフリカ原産の帰化植物であり，東アジア諸国の畑に帰化し，播種はしないが農業者から除草されないで，野菜として利用されている（梅本他，2001）。筆者もマレーシア半島やボルネオ島のサラワク州で販売されていたのを見て，実際に購入して食べてみた。春菊とまったく変わらない味であった。本種は二次林に隣接したやせた畑地を好み，利用している人からすれば野菜であるが，利用しない人から見ればただの雑草である。東日本にも普通に生えているが，食べるという人を聞かない。

一方，長野県などの東日本で大切にされているツリガネニンジンは「山でうまいはオケラにトトキ（ツリガネニンジン），嫁にくれるもおしゅうござる」と言われ，春先に畦畔に生えていると乳液で指先が真っ黒になるほどしっかり採って食べる。これに対して，兵庫県篠山市ではどこの水田畦畔にもたくさん生えているのに，まったく採ろうとしない。こうした食文化は地域に根ざしたものであろう。

文献的に兵庫県，長野県，岩手県の山菜を比較してみた。『ひょうごの山菜』（清水，2007），『旬の山菜料理』（水野・横倉，2003），『木の実・山菜事典１，２』（橋本，2001），『岩手の山菜百科』（柵山他，1989），『趣味の山菜づくり』（大正，1991）の５文献である。膨大な表になるので，ここでは掲載を省略するが，食用となる種類は100種類を越え，地域によりそれほど変わらなかった。しかし，道の駅などで販売されている主要な山菜は地域により，時期により大きく異なっている。それぞれの種の入手しやすさ，食べたいとする文化，すなわちその地域での土地利用の仕方や山菜の生育量の多さや好みが反映しているものと思われた。

山菜には多少のアクがある。生育地によりアクの強さが異なる。これを全部取り除いてしまっては山菜らしくない。春を感じる程度の苦味は残しておかねばならない。このため，山菜が生育しているそれぞれの土地には食べ方により地域性に差が生まれる。木灰，塩，真水，茹で時間など晒し方によりうまかったり，まずかったりは普通であり，山菜の種類よりも食べ方に文化的な意味が生じる。以上述べてきたように，山菜の種類に地域固有性があるというよりは，何を食べるかまた，その食べ方に固有性があるものと思われる。

第３節　近年の里山植生の崩壊

1960年代のエネルギー革命以降，里山の樹木が活用されなくなり，それに伴って，里山の在来草本の植生が減少してしまった実態を述べる。そして，これらの植物が地域固有の文化形成に関ってきたことを言及する。また，除草剤の利用が植生の単純化を招き，絶滅危惧植物を増やした点にも言及する。

里山が明るかったのは雑木林のコナラ，クヌギなどの落葉樹を切って炭や薪としてきたからである。直径10cmほどの太さになった雑木林は冬になれば株元から切って，シイタケの原木，薪，木炭などに利用されてきた。このため山道が整備され，森林の下草や雑木が伸び，これを粗朶（そだ）として水田の有機肥料に活用してきた。植林した針葉樹も枝打ち，間伐と明るい森林形成に努めた。樹木の利用から石油や電力に代わったエネルギー革命以降，安価な工業製品に負けて，多くの身近な植物を活用した様々な道具がなくなってしまった。竹製品，藁（わら）製品，漆器，木工製品，蔓（かずら）の利用など挙げてみれば切がない。里山の手入れが減少して，松林や落葉広葉樹林から常緑樹林へと遷移が進み，里山が暗くなって，山菜や食用キノコができなくなった。シイタケ，マイタケ，エノキダケ，エリンギなど施設で栽培されるきのこの生産が安定したことと相まって，マツタケ，アワタケ，アミタケなど野生の食用キノコを採集する人が減った。そうこうしているうちに，山菜や地元の山のきのこを活用する文化もなくなり，地域の固有性は民俗学者の書物の中にしか出て来なくなってしまった。

阿蘇高原に代表されるように，多くの農村で茅場と呼ばれる場所では放牧のために落葉樹を伐採し，集落で協力して毎年火入れを行ってススキなどの草原を維持した。夏場は日本短角など放牧に強い牛を放し，粗放的に管理されてきた。草原は牛の放牧圧により維持されてきた。そして，こうした明るい草地環境に適応したヒゴタイ，クララ，オキナグサなどの在来植物が維持されてきた。

自然科学的に見れば，里山の崩壊や農村の衰退が生物多様性の減少となり，地域固有性の喪失につながっていると思われる。そして，社会科学的には身近な植物を用いなくなった生活や道具の変化が，さらに大きな地域固有性の喪失につながっているようにみられる。こうしたなかで地域固有性をどのように保てばいいのだろうか。DNA，品種，作物など自然科学的な差異より，「丹波篠山の黒枝豆は美味しい」「桔梗紋は不吉だ」「山家の里芋は粘りが強い」「吉川産の山田錦の酒はうまい」などのような社会科学的な差異の方が固有性に及ぼす影響が大きい気がする。これらを掘り起こすには地道な農家からの聞き取り調査が大切である（宍塚の自然と歴史の会，1999）。文化を掘り起こし，技術の伝承が里山の植物の維持には必要不可欠である。

水田に散布する除草剤は湛水下で効果が出る特殊なものである。畑，樹園地，路傍，畦畔などに散布する除草剤は世界中のどこの国でも使われている。除草剤は草を枯らす薬であるが，その作用性の違いによって残ってしまう植物もある。何回も除草剤を散布していると世界中どこでも同じ草が残り，生物多様性が減少する。また，その除草剤に抵抗性を示す生物型が出現すると，さらに植生は単純化する。散布されている除草剤の種類はそれほど多くない。最も活用されている除草剤は商品名でラウンドアップ（化合物名：グリホサート）である。非選択性除草剤であり，すべての植物を枯らすことができた。しかし，40年以上使い続けた結果，数多くの雑草に抵抗性を示す生物型が現れた。日本でも，ネズミムギ（イタリアンライグラス）に抵抗性生物型が出現した。雑草を抜くのは多大な労力を要し，農業規模が拡大するほど除草剤に頼らざるを得ない状況が生まれている（伊藤，2013）。農村でも高齢化や人手不足からあらゆる場面で除草剤を散布している。そこで，農村において除草剤が散布されない場所を探すことが生物多様性を維持する上で大切になる。

第4節　兵庫県加西市の畦畔にみる植物と人の関係性

水田畦畔は残された数少ない草地植生として，草刈り頻度，除草剤利用など人との関係で絶滅危惧草本植物のレフュージアであることを『田んぼの草花指標』（伊藤ら，2009）や加西市のため池周辺のキキョウの事例などから述べる。

水田畦畔やため池の土手は年に何回かの草刈りによって維持されている。これは除草剤で植物を枯らしてしまうと畦畔が崩れてしまうので，草刈りによって草丈の低い植物の群落を形成してきた結果である。年に10回以上の草刈りを行っていれば，芝群落となる。年に1，2回ならばススキ，オギ，ヨシを中心とした高茎草原となる。この中間の草刈り回数ならばチガヤやヨモギの草地となる（根本，2006）。

兵庫県加西市での野生のキキョウの生育状況を見てみよう。もともとはツリガネニンジンなどとともに水田畦畔にたくさん生育していたのに，現在では古いため池の斜面にわずかに残っているに過ぎない。原因はいくつか考えられる。まずは，①水田の基盤整備で根こそぎなくしてしまったことがあげられる。二つ目はきれいだからといって，②堀ってきて庭に植えた。管理が悪かったり，合わない土地のために枯れてしまった。掘採った理由は他にもある。③薬草として活用したためにだんだんに減ってしまった。根が薬草の場合，絶滅の危険性が高い。わずかに残った畦畔のキキョウは省力化のための④除草剤散布により枯死してしまった。水田畦畔は生産現場だから仕方がないともいえるが。

もっと広範囲な生育地について考えてみよう。もともとキキョウの生える里山は水田の肥料としての刈敷を刈る禿山であったり，屋根材としての萱場であったりした。飼い葉を集める採草地であったりもした。これらの場所は一年に一度は高茎草本が刈り取られ，冬場には火入れがされ，多年草の草刈場として利用されてきた。エネルギー革命以降その大部分が利用されなくなり，⑤昭和30年代以降ほとんど利用されなくなって遷移が進み，落葉広葉樹林帯や松林から，常緑樹などの林に代わってしまった。上記５つの理由のうち，光が当たらなくなった⑤がキキョウの絶滅に最も影響が大きかったかもしれない。

キキョウを例にして述べたが，フクジュソウ，サクラソウ，フジバカマ，エビネ，シュンラン，サザンカ，花菖蒲，椿，さつき，躑躅（つつじ），菊なども自然野草と育種された庭の花の違いとして，キキョウと同様のスタンスであると思われる（岩槻，1992；山口，2016)。これらの何をどのように保全すべきか野草の生息地と庭に咲く園芸植物の関係の実態を把握し，論理的に整理しておく必要があるだろう。

次に，庭の花の毒性について考えてみたい。庭の花は食べるものではないので，毒であっても構わないわけであるが，畑の野菜や土手の山菜と混同して食中毒を起こすことがある。球根や塊茎にはたくさんの養分が詰まっているので，毒がなければ昆虫であれ，哺乳類であれ，かっこうな食料になる。そのため，ヒガンバナ，スイセン，クロッカス，ハシリドコロ，コンニャク等は毒を含んでいる。普通に食べているジャガイモだって南米の原種は毒をもっている（植松，2000)。「きれいな花には毒がある」と言われ，愛でる植物と食べる植物の違いを子供の頃から文化として学んだ。

救荒作物として代表的なものにヒガンバナがある。先に述べたように，ヒガンバナの鱗茎には猛毒のリコリンが含まれている。でも穀物生産ができなかった冷害のときにはこれを食べねばならない。どのように毒消しをするかはその土地の文化である。鱗茎の外側の黒い皮や根を取り除き，擦りおろし，水を取替えながら，晒しと乾燥を繰り返してデンプンだけを取り出す。トチの実やドングリを食べるのも，アクの抜き方を知っていれば，食べられる。これも食文化である。これらの文化が消えようとしている。

例として榧（がや）（栢とも書く）の実について考えてみよう。家屋の周辺には碁盤となるカヤが植えられている。秋になるとたくさんの実が成り，収穫した果実を土の中に埋めて果皮を腐らせ，洗って種子を回収する。乾かして硬い外種皮を取り除く，黒い内種皮の状態で3日ほど木灰液に漬けると渋みが減少する。それを炒って食べる。これが渋抜きの方法であるが，家庭によって少しずつ違う。篠山市には殻のない裸栢がある（**写真4-1**）。これは食べやすいから残ったのであろう。こんな面倒なことをするより，アーモンドをスーパーで買ってきた方が早いので，文化としては消えてしまう。

写真4-1　篠山市日置地区の裸栢（「実践農学入門」の授業にて）

第5節　長野県伊那地方の坪庭にみる植物と人の関係性

坪庭は松，梅，桜，躑躅類や楓類と岩の形や苔により四季の美しさを表現するところである。伊那谷の坪庭はアカマツを中心として，イチイ，ドウダンツツジ，ヒバ，さつき類などの木本が植えられている。盆栽のように毎年剪定されて，風通しはよく，下草が生えやすい環境が形成されている。耕運や踏み固めがないために苔むしているか，芝生となっている場合が多く，その中に地元の多年生草本が生えやすい。里山の手入れが悪くなり，里山に普通に生えていた草本植物がなくなって，坪庭がそのレフュージアになっている。

坪庭はその土地の植物が多く，チューリップ，スイセン，パンジー，マリーゴールド，サルビアなどが生えている庭や花壇とは明確に区別されている。一例として，我が家の坪庭の歴史を探ってみると，敷地内の土蔵の移築が明治23年であったことを考えると，今の坪庭は明治20年代の家の北側の造築と考えられる。母屋は少なくともその後3回も改築されたが，坪庭はそのまま維持された。私の子供の頃（今から60年前）と立ち木にはほとんど変化がない。また，少なくとも坪庭だけは除草剤を散布しないで，剪定，草刈や手取り除草により維持されてきている。これに対して，家の前や南側は花壇になっていて園芸植物が植えられ，除草剤も散布されている。

センブリは里山の代表的な薬草である。お湯に煮出して千回振ってもまだ苦いというところから付いた名前である。我が家でも胃薬として全草を採集して，新聞紙の上で陰干しして，大事にしてきた。私は子供の頃，胃腸が弱かったので，千振や熊の胆にお世話になった。センブリはドクダミやゲンノショウコとともに日本の３大民間薬となっているリンドウ科の二年草である。花もきれいなため，山野草としても販売されている（橋本，2001）。薬草として栽培されている場合もあるが，ほとんどは里山の明るいところに自然に生える植物である。里山の管理が悪くなったのに伴い，発生は急激に減少している。このセンブリが種を蒔いたわけではなく，移植したわけでもないのに，この坪庭で増えてきた。ていねいな草刈により絶滅危惧種が復活した例である。

標高600 ～ 700mの伊那市と宮田村の８農家の坪庭の植生を調査した。２軒の農家は除草剤を用いていたので，植物の多様性は低く，調査から省いた。残りの６農家の調査から，**表4-1**の種が近くの里山から採集された植物として定着していた。

また，５軒の内，２軒の農家には上流の河川水を用いた池があり，土水路があるため，**表4-1**最下段の湿生植物が見られた。

同じ坪庭でも近くの園芸店でセイヨウシャクナゲ，カルメリアなどの苗木を購入して構成したものよりも，里山から移植する方が落ち着いた坪庭になる。昔のことを知る老人に話を聞くと，「高山から取ってきたのは結局つかなかった。」ということで，高山植物を移植しても２，３年は花が咲くが，段々に株が小さくなって絶えてしまうことを経験的に知っていた（大正，1991）。栽培環境にあったその土地の植物しか坪庭には維持できなかった。経済的なこともあるだろうし，それぞれの農家がそれに気付き，身近な植物

表 4-1　伊那地方の坪庭の植物（コケ類、きのこ類を除く）

種類	植物名
木本	アカマツ，イチイ，ドウダンツツジ，ヒバ，ニワトコ，ナンテン，アオキ，ウメ，キブシ，ダンコウバイ，ハナモモ，ウラシマツツジ，コバノミツバツツジ，サンショ，アシビ，ウコギ，コシアブラ，タラ，キバナシャクナゲ，マメガキ，ヤブコウジ，イヌマキ，ツゲ，ユキヤナギ，萩類，さつき類，カエデ類，竹類，ツバキ，キンモクセイ，ユスラウメ
春植物	フクジュソウ，ギョウジャニンニク，ニリンソウ，ヒトリシズカ，カンアオイ，タチツボスミレ，フタバアオイ，エンレイソウ，カタクリ，オウレン，スミレ，フキ，イカリソウ，シュンラン，ユキノシタ，コバノギボウシ，オオバギボウシ，サンカヨウ，ヨツバムグラ，エビネ，オキナグサ
夏秋植物	ゲンノショウコ，オモト，リュウノヒゲ，ツボクサ，ヤマユリ，クマガイソウ，ツルリンドウ，シバ，ナガハグサ，オオバコ，センブリ，オダマキ，キキョウ，ススキ，カワラナデシコ，オミナエシ，フジバカマ，リンドウ
シダ植物	フユノハナワラビ，イワヒバ，ノキシノブ，クジャクシダ，イノデ
湿生植物	ネコノメソウ，ショウジョウバカマ，ナガバタネツケバナ，フキ，ワサビ，エゾエンゴサク，ダイコンソウ，ミツバ，アヤメ，バイケイソウ，サルトリイバラ，サンキライ，クコ，ゼンマイ

を移植したことが最終的に里山の絶滅危惧種のレフュージアになっていたものと思われる。

第６節　おわりに—植物と人との関係性が地域固有性を生む

農法そのものを改める減農薬田や有機農業が生物多様性を育んできたことは徐々に認められてきた（守山，1997；宇根，2007）が，まだまだ面積的には微々たるものに過ぎない。食物網の頂点であるコウノトリやトキの野生復帰には，さらに多くの生物多様性のある水田の面積を必要とする（伊藤，2016）。

以上述べてきた事例から，人里の在来植物はその地域住民との関係で，その存在に地域特性を持つし，人の生活も植物によって影響を受けた相互関係がみられたが，近年この関係が失われてしまった。農村をつぶさに観察してみると，除草剤が散布されない明るい場所は一部の水田畦畔と坪庭くらいしかなくなってしまっていた。

日本の農村はその規模，構造，ランドスケープが生物多様性にとって重要であることが知られている。規模としては縦横100m程度の範囲に屋敷森，畑，水田，用水路，ため池，二次林などが，モザイク構造に配置され，景観としても統一がとれたものである（桐谷他，2009）。このとき，絶滅危惧植物のレフュージアである水田畦畔や坪庭を維持することによって，何とか地域固有性のある生物多様性豊かな農村を説明できる。

農村は高齢化が進み，年金で坪庭の維持はできなくなりつつある。地域の特性を具備した古民家などの景観保全区域に周辺の畦畔や坪庭を含めて保全し，エコロジカルフットパスのコースなどに含めて，レフュージアの重要性をアピールする必要がある。こうした場所を維持するためには環境保全や農業の補助金などを優先的に活用すべきであろう。これらまでなくなってしまうと，のっぺらぼうのどこにでもあるつまらない農村となってしまう。このため，どの農村であっても，植物と人々との相互関係が生まれる場を維持するように努め，文化を継続することが地域固有性を育むこととなる。

引用文献

伊藤一幸・嶺田拓也編（2009）『田んぼの草花指標：あなたのまなざしを待っている世界』農と自然の研究所。
伊藤一幸（2013）「水稲作における水田雑草の生態的適応と技術革新により増えた雑草，減った雑草　1～7」『農業及び園芸』第88巻6号～12号，669-675頁，775-781頁，875-878頁，917-920頁，1041-1047頁，1144-1146頁，1231-1235頁。
伊藤一幸編（2016）『未来のために今すべきこと，エシカルな農業，神戸大学と兵庫県の取り組み』誠文堂新光社。
岩槻邦男編（1992）『滅びゆく日本の植物50種』築地書館。
植松黎（2000）『毒草を食べてみた』文春新書99。
梅本信也・山口裕文・姚雷（2001）「照葉樹林帯の一年生雑草における半栽培の風景」『照葉樹林文化論の現代的展開』北海道大学出版会，513-528頁。
宇根豊（2007）『天地有情の農学』コモンズ。
河野昭一（1974）『種の分化と適応』三省堂。
環境文明21（2014）「地域固有の環境資源を活用した「持続可能な地域社会づくり」の実践支援活動報告」日立環境財団平成25年度「環境NPO助成」事業。

桐谷圭治ら（2009）『田んぼの生きもの指標：あなたのまなざしを待っている世界』農と自然の研究所。
柵山龍司ら（1989）『岩手の山菜百科』薊舎，岩手日報社。
宍塚の自然と歴史の会（1999）『聞き書き，里山の暮らしー土浦市宍塚』宍塚の自然と歴史の会。
清水美重子（2007）『ひょうごの山菜，おいしい食べ方とエピソード』神戸新聞総合出版センター。
吹田くわい保存会（2010）『なにわの伝統野菜，吹田くわいの本』創元社。
大正十造（1991）『趣味の山菜づくり』岩手日報社。
根本正之（2006）「雑草群落の動態と遷移」『雑草生態学』朝倉書店，93-127頁。
橋本郁三（2001）『信州発全国版，木の実・山菜事典１，２』ほおずき書籍。
前川文夫（1978）『日本固有の植物』玉川選書75，玉川大学出版部。
水野千代・横倉利江（2003）『旬の山菜料理』ほおずき書籍。
守山弘（1997）『村の自然を生かす』岩波書店。
山口裕文編（2013）『栽培植物の自然史，東アジア原産有用植物と照葉樹林帯の民族文化』北海道大学出版会。
山口裕文（2016）「照葉樹林文化が育んだ花をめぐる人と植物の関係」『「中尾佐助照葉樹林文化論」の展開，多角的視座からの位置づけ』北海道大学出版会，463-486頁。
山根成人（2007）『種と遊んで』現代書館。
湯浅浩史（1993）『植物と行事，その由来を推理する』朝日選書478，朝日新聞社。

第5章
土壌の地域固有性と人との関わり

鈴木　武志

第1節　はじめに

土壌をとらえるうえで，土壌学では大きく分けて２つの学問分野であるエダフォロジー（Edaphology）とペドロジー（Pedology）がある。エダフォロジーは土壌を植物の培地と考え，作物栽培の上で土壌をどう扱うかを研究する分野である。農耕が始まった紀元前6000年から始まったといわれ，紀元前４-５世紀に実在されたといわれるエンペドクレースやアリストテレスなどの哲学者も，どのような土壌が作物栽培に適しているかを考えていた様である。一方，ペドロジーはロシアのV. V. ドクチャエフが1880年代に提唱した土壌学の研究分野で，土壌は生物や地質などと同等に，自然体（natural body）の１つとして生成・発達するものであると考え，生物学などと同様に，土壌の生成および分布・分類などに関わる研究である。この考え方から土壌とは畑や水田で利用する作土の事を示すのではなく，土壌の表土，下層土すべてを含めてはじめて土壌といえる。本来，表層の土壌だけで土壌の固有性を判断することは，人間でいうと手や足を見て人間と言っているのと同じである。したがって，自然活動により土壌は成り立ち，地域固有性を持つようになったものであるため，人為による土壌が固有性を持つことは水田以外では少ない。どの場所にどの様な土壌があるのかは土壌図を見ることにより把握できるが，このような土壌が何を原因として固有性を持っているのかは，次節に述べる。

第２節　自然体としての土壌の成り立ち

どのような土壌になるかは土壌生成因子で決まる。地球規模でみた土壌の固有性は気候が与える影響が大きいが，日本などの気候が似通った範囲で見ると母材の影響が大きく，更に小さい地域で見ると地形の影響を受けやすい。また，できたての土壌と成熟した土壌も大きく異なる。アメリカ農務省（USDA）の土壌分類であるSoil Taxonomyにおいては11種類の大群に土壌が分類されており，詳しい土壌の種類と分布は土壌図で確認することができる（Soil survey staff, 2014）。また，ヨーロッパでは，国際連合の組織であるFAOなどが中心に作成された世界土壌照合基準（FAO, 2014）で32種類の土壌グループへの分類がなされている。

土壌が生成されるためには無機物である母材の風化が必要である。母材には肥料成分が多く含まれる塩基性岩や少ない酸性岩があり，地質により土壌の肥沃度は大きく変わる。また，非固結性の岩石（火山放出物，風成塵など）は，風化が早く粘土鉱物に特殊性がある。物理的風化を受けた岩石は，礫（２mm以上），砂（２mm以下，0.02mm以上），シルト（0.02mm以下，0.002mm以上），粘土（0.002mm以下）のサイズに細くなる。母材が細分化され，砂が生成された土壌層をC層と呼ぶ。さらに，これらの一次鉱物である岩石は，風化により粘土鉱物を生成する。この母材が風化などにより変化を受けた土壌をB層と呼び，この層ができて，始めて土壌が生成されたといえる。また，岩石の風化により，植物が侵入すると植物遺体が土壌に供給される。植物遺体を餌とする微生物が生息するようになり，植物遺体は微生物や土壌鉱物の影響を受け，土壌固有の有機物である腐植物質が生成される。腐植物質が生成され，B層の土壌と混じり合うことにより腐植物質に富むA層土壌が生成される。

成熟した土壌にはこのA層，B層，C層のすべてが必要であり，A層が同じでも，B層，C層が異なると同じ土壌とはいえない。土壌は基本的には自然現象で出来上がる自然体であり，土壌が生成されるには約千五百年から約数十万年の長い年月をかけて出来上がり，生態系の一部と位置付けられる。しかしながら，農耕，過放牧，都市化などで自然の一部である土壌は奪われつつある。特に希少な土壌をレッドデータ土壌と位置づけ保全が求められている（菊池，2000）。現在の日本では193か所，55種類の土壌が消滅の危機に直面している。たとえば兵庫県の加古川市においてはトラ班土壌と呼ばれる赤色と黄色の縞模様の見られる土壌があるが，住宅開発などで失われつつある。このような土壌は生態学的には非常に重要であるが，農業的には価値は低いため，地域の固有性を発生するには至っていないのが現状である。また九州の一部にみられる火山放出物であるボラやコラと言われている土壌の層は，農作物の栽培に有害なため，取り除かれているため，失われつつある。人間活動上，農業，都市化などは避けられないが，希少な土壌に関しては保全し，地域活性に役立ててほしいが，そのような事例はない。

第3節　地球上の土壌と固有性

土壌の固有性による地域の成り立ちへの影響は，化学肥料の無い時代では，肥沃な土壌は食料が安定的に供給され，人が集まり人間社会が形成され文明が発達してきた。4大文明が発達したのが大きな河川沿いであることは，作物栽培用の灌漑水が得られることだけでなく，河川の氾濫により肥沃な土壌が何度も移入され，肥沃な土壌が維持でき，耕作が持続的に行われることも重要であった。

黄砂を代表とする風成塵（loess：レス）を母材とする土壌はヨーロッパやアジアに存在し，肥沃な土壌母材となりえる風成塵が数十メートル堆積する場所がある。ヨーロッパにおいて，そのような肥沃な場所で定住農業をしている農家は小麦を栽培し，不毛な土壌で定住している農家はライムギやソバしか栽培できないため，同じ農家であっても歴史的には貧富の差が生じている。また，ロシアやカナダに広大に分布するモリソル（チェルノーゼム：

ロシア語で黒い土）は石灰岩やレスを母材として温帯の草原土壌に生成し，肥沃で，昔から麦類など栽培地帯（農業の大三角地帯）として知られている。

一方，河川が近くにない熱帯の土壌は高温による土壌成分の風化や多雨による塩基の溶脱による酸性化などをうけて，肥沃度は低く，定住農耕文化は発達せず，焼き畑農業による移動農業しかできない。したがってこのような地域では，文明があまり発達せず発展途上国が多く食料も十分供給できない。また寒冷な地域においても，酸性土壌が多い。南アメリカやアフリカにはこのような地域が潜在可耕地の約７割であり，農産物の生産性は低い（大塚・井上，1990）。

農業，特にその地域の主食に不向きな土壌に関しては，土壌に相性のいい栽培作物を選ぶことが，経験から得られている場合がある。酸性土壌では酸性に強いブルーベリーや茶が昔から栽培されている。また，ワイン用のブドウなども小麦の栽培に適さない，丘陵地などで栽培されている。さらに，インドの可給態リン酸の低い土壌であるアルフィソルやヴァーティソルでは，それぞれ，キマメとヒヨコマメの組み合わせで栽培体系が経験上出来上がっているが，これらのマメ科の植物がこの組み合わせで効率よくリン酸を吸収することが化学的に証明されている（阿江ら，1991）。現在では施肥，農薬，遺伝子組み換え作物，機械化，灌漑などの集約化により，農業ができない不良土でも農業ができるようになっている。土壌改良（土づくり）には土壌の分類そのものは変わらない範囲で，土壌酸性の矯正，有機物，粘土鉱物，肥料などの投入がおこなわれる。土壌改良には土壌物理性と土壌化学性を育てたい植物に合うように土壌の分析値を見つつ調整することが可能である。このような集約農業により，作物の生産性は高くなり，どのような地域であっても，栽培作物などは体系化，画一化され，土壌から発生した地域固有性は失われつつある。

第４節　日本における土壌と固有性

日本では国土の約70％が森林である。森林下の土壌は褐色森林土と呼ばれる土壌が生成し，日本の土壌では最も多い。褐色森林土は日本の土壌分類のみ使われる用語であり，字の通り褐色を呈する土壌である。褐色の起源は母材に含まれ風化した鉄酸化物の赤色と，腐植物質の黒褐色が混ざり，褐色となる。土壌の層はA層の黒色から下層への褐色へのグラデーションが見られる。

農耕地においては，河川による堆積作用によって形成される沖積平野や山間沖積地（盆地）に存在する沖積土が多く，農業人口が集中していた。水田を維持するための灌漑が容易であった理由もあるが，河川によって運ばれる肥沃な土壌が重要であった。現在でも日本の農耕地の半分はこのような沖積土壌となっている。また，日本は火山が多いため火山灰を母材とする黒ボク土が多いが，この土壌はリン肥料を吸着しやすく，リン肥料を過剰に施用しなければリン酸の肥効があがらない。また，非アロフェン質黒ボク土においては下層土において酸性害が発生するため，化成肥料がない時代において，農業はあまり発展しなかった。

日本におけるその他の農耕地としては山間地域にある，褐色土，赤色土，黄色土などがあり，これらは森林を開墾し，棚田などとして使われている土壌である。棚田のような水田では，水田化により土壌が灰色になり，灰色台地土など呼ばれる土壌に，人工的に変化している。現在でも，森林を農業団地など農耕地に転用する場合もあるが，日本は雨が多いため，土壌が貧栄養で酸性の不毛な場合が多く，最初の土づくりが重要である。土づくりには前述のように，肥料成分，堆肥などの有機物，粘土鉱物などが施用される。有機物もしくは有機物肥料としては平安時代から家畜糞尿が施用されていたようであるが，本格的には江戸時代の農業全書によると肥料としては緑肥，堆肥，草木灰，浚渫土，油粕（菜種，綿実，茶実），乾燥魚類，ふろの水，人糞尿などがつかわれ，肥料成分を施用しつつ，有機物を補給していたようである。人糞尿は高価な食事を行っている人のものが高価にとりあつかわれたとされている。現在では安価で肥料効果の高い化学肥料があるため，この様に江戸時代から使われてきたリサイクル可能な肥料は使われなくなりつつあるが，土壌の有機物減少による土壌劣化，リン資源の枯渇および有機栽培野菜の人気もあり現在見直されつつある。

第５節　土壌の固有性から発生した地域固有性

1）シラス台地の固有性

シラス台地は約三万年前の始良カルデラ（現在の桜島付近，鹿児島湾）の噴火により，火山放出物が最大30mの厚さで積もったものや，その他の火山放出物により構成され，鹿児島県の半分以上と宮崎県の一部を占める。シラス台地は火山放出物を主成分とするため，水はけがよい。近隣に河川もなく台地であることから，日本の主な農耕作物である水稲を栽培することができなかったため，農業はほとんど行われなかった。17世紀の初め頃にサツマイモが伝わり，水はけのよいシラス台地で栽培が適しているため，シラス台地の開発が始まった。19世紀には桜島大根，アブラナやダイズなども栽培されるようにもなり，サツマイモを用いた芋焼酎も生産されるようになった。芋焼酎の搾りかすやサツマイモを餌に肉用牛，豚の肥育を江戸時代後半から行うようになり，明治以降になると，鹿児島県の農業試験場は牛，豚の品種改良に力を入れて，現在ではブランド豚，牛とも生産されている。

2）鳥取砂丘土壌の固有性

シラス台地と同様に砂丘未熟土は水はけがよく，水稲の栽培に向かず，不毛の地とされていた。鳥取砂丘土壌においても，1700年代の江戸時代後半以降砂防植林やワタなどの栽培がなされてきたが，灌漑設備が十分でなく，生産性は低かった。しかしながら，1945年以降，灌漑設備などが事業化され，同時に砂丘の農業利用に関する研究がおこなわれてきた（大槻ら1999）。その結果，ラッキョウ，チューリップ球根，メロン，ブドウ，ナシなどの栽培が広く行われるようになった。現在でも砂丘らっきょう，砂丘メロン，二十世紀なしなどをブランド化し地域固有性が形成されていった。砂丘土壌は鳥取だけでなく高知県，新潟県，石川県など日本各地にあり，鳥取を例として栽培作物を選んで，地域の固有性をだそうとしている地域は多い。

3）養父郡大屋町における土壌の固有性とその改良

超塩基性岩である蛇紋岩を母材とする土壌は，ニッケルをはじめとする重金属濃度が高く，土壌も塩基性で，水はけも悪いため農業には適さない。1987年より営農を始めたおおや高原では，48.6haの農地を造成することになったが，地質がこの蛇紋岩であり農業に適していなかった。そのため，大量の客土をするとともに，排水性をよくするため，排水対策と雨よけハウスの導入が行われた。また，当時少なかった有機農業を試みるために大量の堆肥などの有機物を投入した。その結果，元の土壌と全く異なる土壌をゼロから人工的に作成した。大屋高原有機野菜部会は行政，農協，農業改良普及センター，コープこうべなどの機関・団体の支援により，有機野菜の栽培をはじめた（鄭・保田，2000）。2000年には経営（野菜）で農林水産祭の天皇杯を受賞し，ブランド野菜としての地位を確立している。

4）窯業および陶器と土壌の固有性

前述のように土壌は母材となる一次鉱物とそれが風化した二次鉱物が含まれる。陶器の原料はこれら鉱物であり，これらの鉱物は土壌に含まれる。二次鉱物にはスメクタイト，カオリナイト，バーミキュライト，イライト，アロフェンなどがあるが，陶器には可塑性の高い鉱物としてカオリナイトやセリサイト（白雲母の微細な粉体）が重要であるといわれている。このような粘土が豊富に含まれる土壌としては，愛知県の瀬戸，岐阜県の多治見などでみられる蛙目粘土や，木節粘土が有名であり，これらはカオリナイトが主成分である。陶器を作成するには可塑性のある粘土以外にも，非可塑性の鉱物（珪砂など）や焼き締めるための融剤（長石やドロマイト）が必要であり，これらの鉱物を含む土壌が必要である。

一方，可塑性原料，非可塑性原料，融剤がすべて含まれる土壌を陶土という。日本最古の磁器である佐賀の有田焼は原料となる泉山磁石が1616年に発見されたことにより，日本で初めての陶器が作られた。現在では天草下島で採掘される天草陶石が，日本で産出される陶石の８割を占め，カオリナイトやセリサイト以外にも石英などの一次鉱物も含まれ，有田焼などのブランド化された陶器で，現在は使われている。

一方，常滑，四日市，備前，信楽などの炻器は素地が白くなく，石のように固いため陶器と磁器の中間の性質を持つ。炻器は炻器粘土（備前粘土，ゴトマキ粘土，イカルガ青粘土）から作成され，炻器の色は鉄の成分の存在により茶色を呈する。これらの土壌鉱物の成分は石英，ハロイサイト，セリサイト，モンモリロナイト，長石からなり，白磁の原料とは異なる。

このような磁器・陶器は現在では碍子などセラミックや電子部品としてして産業化され，地域経済の発展にも寄与してきている。

５）遺跡の保存と土壌の固有性

世界遺産であるイタリアのボンベイ遺跡が一世紀のベスピオ山噴火により火山灰に埋もれて，現代に残っていることからもわかるように，遺跡が長期間残るためには火山灰など土壌に埋もれる必要がある。日本においても邪馬台国のあった場所の証拠とされる吉野ケ里遺跡，纏向遺跡や弥生時代の登呂遺跡，縄文時代の三内丸山遺跡などが現代にその形が残っているのは土壌などにより埋没していたからである。埋没するには，河川の氾濫や，火山灰や風成塵などの風積，土地の沈降などがある。日本においては弥生時代以降，耕作を河川の近い平坦な沖積低地に居住していたため，この様な場所では河川の氾濫により，水田や住居が埋没する場合が多かった。その例として，岡山平野の百間川原尾島遺跡や河内平野の池島・福万寺遺跡があげられ，すべてが発掘されたわけではないが，現在でも当時の生活を垣間見ることができる（小野，2014）。一方，日本は火山が多い国であるため，日本全国に火山灰が降り積もっている。火山のない近畿でも広域テフラといわれる大規模な火山の噴火による火山灰が，降り積もっている。火山灰は噴出した年代がほぼわかるため，火山灰で埋もれた遺跡は年代の特定が容易である。群馬県みどり市の岩宿遺跡では2.5万年前に噴火した火山灰（姶良tn，約10cmの堆積層）の層より下から住居跡が出てきたために，日本には2.5万年前より以前に人類が存在していたことの証拠として知られている。火山灰以外にも平野の砂塵，中国などから飛来する黄砂などもレスとして常に降り積もっている。たとえ年間0.01mmでも10万年で100cmとなるため，人間活動の無い場所では常に埋もれていく。このように残った遺跡を観光資源として，利用することが可能である。

6）人工土壌による地域の固有性

人工島など埋立地やビルなどによる都市化，その屋上，工場等，コンクリートに囲まれた居住空間が現在人工的に作られている。このような場所ではヒートアイランド現象が進行し，住民の生活や健康にも影響を及ぼす事から大きな問題となっている。その原因には，自動車や空調システムからの排熱の増加，舗装や建築物の増大による緑地や水面の減少による水の蒸発散量低下などがあげられる。その結果，夏季には高温化による冷房需要の増加とそれに伴うエネルギー消費量が増加し，冷房などによる人工排熱の増大がより一層の気温上昇を招くという悪循環となっている（小野他，2006）。緑地は，蒸発散作用による潜熱の消費によって温度を下げる効果があるため，緑化の推進がヒートアイランド現象緩和の対策のひとつとしてあげられる。また，植物の光合成により，わずかではあるが大気中の二酸化炭素を固定し，地球温暖化防止対策の一つとされている。さらに，緑地は子供の遊び場，環境教育のほか，大人にとっても五感を通してヒーリング効果が期待される。このような理由から，人口の都市や工場においては緑化が法律で義務付けられている。例えば，関西電力㈱の南港発電所では，温暖気候の極相林を工場内に作成し，近隣の森林の多様性を破壊しないように意図されている。また，「地域共生型発電所」として，野鳥観察場所，野球場，テニスコートさらには芝生広場や池，海釣り公園などのエリアを整備し，地域住民のコミュニケーションの場，憩いの場となり，地域の固有性に影響を与えている。

一方，商業地の場合は，土地の高度利用によって公園などの新たな緑地を設けることが難しく，建物屋上の緑化が注目を集めている。2001年4月，東京都が一定規模以上の新築建物および増改築について屋上緑化を義務化したのを始め，助成策を打ち出す自治体も増加してきた。2009年全国屋上・壁面緑化施工面積調査によれば，2000年～2009年の屋上緑化施工面積（累計）は約272.7haで，2009年には，新たに約27.9haの屋上緑化が整備され，年々緑化が進んでいる。また，緑地は人の精神的ストレスを軽減することもわかっており，とくにハーブを用いた園芸活動は心理的ならびに生理的治療効果がある事もわかっている（嵐田他，2007)。したがって，単に屋上を緑化するだけよりも，収穫の喜びも味わう事ができ，野菜の収穫などで人々を集める効果がある菜園の需要は様々な場面でこれからも高まっていくと考えられる。関西では屋上緑化としてはなんばパークス，屋上菜園としては大阪ステーションシティーの天空の農園が有名であり，今後もこの様な緑化は増えていくと予想されているが，さらなる付加価値が望まれる。

この様なもともと土壌の無い場所では人工的に土壌を作成しなければならない。一般的に関西では，工場緑化用の培土は，山を切り開いて得られる真砂土（花崗岩の風化したもの）を基盤に，バーク堆肥やピートモスを一定の割合で混ぜたものが使われる。真砂土は花崗岩の山を切り崩すため，環境破壊や本来そこでできる土壌生成を阻害しているため，その代理品を作成することが望ましい。一方，屋上緑化などでは，屋上の加重制限があり，軽量土が各企業で開発されている。

第６節　おわりに

以上のように土壌とは自然の成り立ちの上で生成されたものであるが，農業・産業化・都市化など人間活動により，失われつつある。人間生命の維持に必要な農耕に利用する場合は，自然体として貴重な固有性を持つものは残しつつ，農業に適した土壌では農産物を多収量で生産することを固有性と考えるべきであろう。農業にあまり向いてない土壌では，土壌の固有性にあった固有の作物を固有の栽培方法で栽培することにより，省資源で地域の固有性の維持ができるであろう。また，土壌が無い都心部では，環境にやさしい人工土壌を利用し，緑を増やしてほしい。

引用文献

FAO（2014）World reference base for soil resources 2014, FAO publication, Rome.

Soil survey staff（2014）Keys to soil taxonomy, 12th ed, United States Department of Agriculture - Natural Resources Conservation service, Washington DC.

阿江教治・有原丈二・岡田謙介（1991）「半乾燥熱帯の農業生態系」『科学と生物』第29巻，227-236頁。

嵐田絵美・塚越覚・野田勝二・喜多敏明・大釜敏正・小宮山政敏・池上文男（2007）「心理的ならびに生理的指標による主としてハーブを用いた園芸作業の療法的効果の検証」『園芸学研究』第６巻，491-496頁。

大塚紘雄・井上隆弘（1990）「世界の土壌資源」（内嶋善兵衛編『地球環境の危機—研究の現状と課題—』岩波書店）。

大槻恭一・岡田周平・神近牧男・玉井重信（1999）「鳥取砂丘の開発と保全」『農業土木学会誌』第67巻，1315-1320頁。

小野映介（2014）「考古遺跡からみた氾濫原の微地形と災害」『日本地理学会発表要旨集』第2014s巻，100018頁。

小野芳・柳雅之・工藤善・手代木純・輿水肇（2006）「屋上緑化における植物の蒸発散量」『日本緑化工学会誌』第32巻，74-79頁。

菊池晃二（2000）「土壌のレッドデータブックについて」『ペドロジスト』第44巻，41頁。

鄭萬哲・保田茂（2000）「有機農業の産地形成における自治体の役割：兵庫県大屋町の取組みを事例として」『神戸大学農学部学術報告』第24巻，23-36頁。

第6章
住み継がれる集落空間と地域固有性

内平　隆之

第1節　はじめに

住み継がれる地域空間のひとつに集落空間がある。いうまでもなく集落空間は，現代社会の中でさまざまな開発の影響を受けてきた。開発の影響で一見，失われつつあるようにみえるが，したたかに地域の中に住み継がれてきている。それどころか，近年では集落空間を手がかりに，住み継がれてきた地域固有性を発見し，地域課題解決のために積極的に活用する動きもみられる。本章では，地域の集落空間に残る地域固有性をどのように捉え，地域再生の依代（よりしろ）として発現させていくべきかについて，地域デザインの観点から考えてみたい。

第2節　集落空間の地域固有性を捉える3つの視点

そもそも集落空間は，風土の影響を受けて成り立つ。風土とは文字通り「風」と「土」である。「風」は気候条件の環境作用である。日照，雨，風，温度等の自然からの力を表す。「土」は地形条件の環境作用である。平野，傾斜地，盆地等の土地条件であり，風・自然からの力を受ける土地を表す。このような気候条件と地形条件に代表される環境作用と人間の営みの歴史的な相互作用の集積により，地域空間が形成されている。乾燥した風土なのか，湿潤な風土なのか，水に恵まれた風土なのか，雨が多い風土なのか，雪が多い風土なのかなど，どのような風土の影響をうけて地域が形成されてきたかを知ることが地域固有性を探究するには重要である。

それでは，失われつつあるように見える地域固有性を探究するために，集落空間をどのように捉えなおすべきであろうか。様々な捉え方はあるが，以下の３つの視点から地域固有性を見直してみることを，まずはお勧めしたい。３つの視点とは，１）生活の器として民家を捉える視点，２）家並みを建築群として捉える視点，３）ムラ，ノラ，ヤマを領域構造として捉える視点である。以降，各々の具体的な事例をみていこう。

1）生活の器として民家を捉える視点

民家は，地域の気候，産物，経済等の各種の条件が関係して建築されている。特に，地域の素材の切片を繕い作られており，地域固有性を探究することができる。特に，建築素材や形態に地域固有性を表出している場合がある。例えば，代表的な屋根材を区別すると３種類ある。草葺と板葺と瓦葺である。草葺にはトタンをかぶせたものなどがある。時代的な古さの目安も概ねこの順序であるとされる。屋根材により建築される屋根の形には，切妻・寄棟・入母屋の３種がある。切妻は，両流れになった屋根の形態である。寄棟は，屋根面が前後左右４面とも中央部にむかって登り寄せられる形態である。入母屋は寄棟屋根の中央部だけを切妻にした形態である。屋根の共通性に着目することで，風雨の影響も探究できる。

間取りにも，地域固有性が見え隠れする場合がある。日本の代表的な間取りとして田の字型の間取りがある。片側を土間とし，反対側に居間，二間続きの座敷，寝間の四室を田の字のように配置する形である。四つの居室を合理的に確保できるうえに，冠婚葬祭などで人がたくさん集まる際は，戸障子をはずすだけで広い一室になる。シンプルだが，柔軟性にとんだ間取りである。間取りを押さえたら，次に屋敷にある母屋・蔵・納屋・付属屋・水路・屋敷林の配置を押さえる。屋敷林は，燃料や食料の供給源であるとともに，台風や寒さ対策でもある。どちらの方角にどのような樹種の屋敷林を配置していくかも地域固有性を発見するヒントになる。また，伝統的町屋には通り庭という空間がある。通り庭の上部は火袋といわれる吹き抜けになっている。風の通り道として排煙や通風をよくするとともに，台所や便所の臭気が民家の中にこもるのを防ぐ役割を果たしている。町屋の奥には中庭があり，明かり取りの中庭があり，柔らかい光が空間を特徴づけている。この吹き抜けや中庭を町屋の魅力となっており，カフェやギャラリーになるなど人気が高い。身近な生活空間の中に，先人たちが蒸し暑い夏を快適に過ごすために住み継がれてきた工夫があり，地域固有性を発見できる。

2）家並みを建築群として捉える視点

家並みのデザインに目を移してみよう。流れた屋根が水平になった軒先側を平側という。屋根が組まれた三角形の壁をみせる側を妻側という。平側に玄関がある家を平入という。一方，妻側に玄関がある家を妻入という。道路面に平側を連ねて密集して並ぶ家並みを平入の家並みという。こうして並ぶことで並ぶ家の間に水が落ちない工夫となる。一方，妻側を道路面に並べる家並みもある。これを妻入りの家並みという。妻面を見せることは家の格式や独立性を強調する表現として解釈されている。また，平側に作業庭を設けるため，地形の平坦な部分との関係から，妻入りか平入かが決まる場合もある。配置のデザインにも地域固有性を探究するヒントがある。特に，「土地と土地には各々風格というものがあるが，それは古い文化のしみた跡が積み重ねられて残ることによる」（今和次郎，1989）ため，かもしだす風格が地域固有の誇りを醸成し，土地との精神的なつながり発見することにつながる場合もある。

このような周囲の環境と一体をなして歴史的風致を形成している伝統的な建造物群で価値が高いもの及びこれと一体をなしてその価値を形成している環境を保存するため，伝統的建造物群保存地区として条例を定め保存を目指す地区も多い。2017年11月28日現在，重要伝統的建造物群保存地区は，97市町村で117地区（合計面積約3,907.7ha）あり，約28,000件の伝統的建造物及び環境物件が特定され保護されている。たとえば，伊根の舟屋は，京都府与謝郡伊根町の伊根地区に立ち並ぶ民家で，船の収納庫の上に住居を備えた，この地区独特の伝統的建造物である。

伝統的建造物保存地区に指定されていなくても，地域固有性をおびた街並みを発見することはできる。山口県宇部小野田地域では桃色のレンガが集落空間を特徴づけている。このレンガは，大正時代から戦後までの短い期間，この地域の地場産業であった石炭灰を原料に製造されている。他のレンガとの大きな違いは，放置してあった石炭灰を固めてつくる独特の製造方法にある。通常の赤レンガとよばれる粘土を焼いて固める焼成レンガではない。石灰で石炭灰を練り，叩いて固めて製造する硬化煉瓦である。つまり，伝統的なたたきの硬化原理を活用し，型枠をつかって製造した煉瓦なのである。

このようなたたきの硬化原理をつかった建築素材は，明治時代に人造石とよばれた。その水に強い特性から，コンクリートが製造されるまでの間，港の築港などに活用され近代化遺産として多く遺されている。宇部小野田地域でも当初，その水に強い特性から炭鉱の坑道をつくるために製造された。その製造は，主に女工が担い，戦前の女性の雇用の場となった。

さらに，桃色の独特の色彩から，炭鉱を共同所有する宇部村の集落の民家に積極的に使われるようになった。水周りや馬屋まわりなどの木材が腐りやすい場所の改善に使われ，民家改良の一助となった。特に，屋敷の煉瓦塀に地域の豊かさの象徴として競って活用された。戦後は，基礎などに大量に活用され，文字どおり復興の土台となっていく。そして，コンクリートの普及とともに，その短命な製造の歴史を終えた。その後，市街地の拡大とともに，集落に残された桃色レンガは製造方法とともに忘れ去られていく。

ところが，2000年の風水害で地域が被災すると，まち歩きの活動の中で，再び桃色レンガが再び注目される。その製造法を解き明かす試みが地域連携で取り組まれ，ついにその製造法が明らかとなり，地域固有の大正時代のリサイクル素材として注目され，再び地域の誇りを取り戻すことに結びついていく。集落空間を地域固有性の観点から，捉えなおすことで，地域の誇りを取り戻すヒントやきっかけを得ることができる。

3）ムラ，ノラ，ヤマという領域構造として捉える視点

伝統的建築群保存地区（略称：伝建地区）や桃色レンガのように具体的な外形として，地域固有性が継承される事例がある一方で，空間構造として集落空間の地域固有性が住み継がれているケースもある。さきにも述べたように風土の影響を受け，集落は都市・農村・漁村を問わず集まり住むところに形成される。集落空間や家並みは，現代においても生活の場であると同時に，地域の成り立ちを読み解き地域固有性を探究できる資産となっている。特に，自然と密接に結びついた生業をもつ農山漁村では，風土と生業，さらに風土と生業が生み出す生活スタイルの関係は直接的である。

その背景には，家や集落をどのような場所に配置するかを決めるには，地形・気象・植生・水系・土壌など自然の要素を注意深く読み取ることが必要であり，時代の変化に応じた地域固有の暮らしの試行錯誤の結果が生み出す，風土との深い相互作用関係がある。そうであるからこそ地域で生きてきた先人がどのように周りの環境を理解して立地を選択し，自然からどのように身を守ってきたのか，どのように環境に適応させ生業をつくり，風土を形成してきたのか，といった地域の成り立ちを集落空間から読み解くことができる。

基本的には，農村は，里山と田畑と人間生活の３者の相互作用によって形成されている。つまり，ヤマ（里山，奥山），ノラ（田畑），ムラ（家屋敷）の３つの領域から成り立つ。肥料源としてのヤマの面積はノラの面積と主に関係しており，ノラの耕地面積はムラの労働力と主に関係する。以上の，３つの視点で重層的に地域を捉えることで，身近にあるみなれた集落空間の中に地域固有性の再発見する手がかりを得ることができる。民家単体にばかり目が向きがちであるが，農村は農地と民家のみで成り立っているのではないことに留意する必要がある。

地域固有性を探究するためには，まずムラとよばれる住居が集落全体のどの部分に位置しているかを見る。住居がどのように地形の上に立地している

か，微地形の上に，住居と住居をどのように配置しているか，また住居は道とどのように取り付いているかを把握してみるとよい。その結果をみながら，集村なのか散村なのか，街路村なのかを確認してみよう。これにより，地形を活かしながら集まって住む知恵を発見することができる。

次にノラをみてみよう。ノラは農村における人々の生活基盤となる田畑である。わが国では稲作を生業として農業経営が行われてきた。しかしながら，我が国は山地が多く，平地に乏しいため田畑を確保するのが難しい地形上の制約を抱えている。そのため「5反百姓」といわれるように1戸あたり5反～7反歩（50～70アール）を経営する農家が多数を占めていると通俗的に言われている。これを基準に，1戸あたりの農家の保有する耕地面積を聞いてみると，地域固有の農業経営の実態を把握することができる。耕地の分布状況も村の成り立ちを知る上で重要な材料となる。我が国は平地が少ないので，1戸あたりの耕地は細分・分散して存在している。見渡す限りの田園風景を見ることは希であり，丘陵や山腹の斜面を利用し，里山に囲まれた谷地形の中に棚田がある景観などが見られる。このような土地の制約をうけ大規模化が難しい地域であるからこそ，お茶や地場野菜といった特色ある逸品に挑戦し小規模産地を形成している事例がみられる。例えば，瀬戸内海の島々や西日本においては，沿岸の斜面地に柑橘類などが栽培されている。平地のみではなく，斜面地の土地利用を注意深く把握しておくことは地域固有性を発見する上で大切である。

最後にヤマである。ヤマとは集落に接した里山を特に指す。ここには，山に人が関わることで，人間の生活の影響を受けた豊かな生態系が存在している。かつての空間的な利用としては，農村で利用する燃料や家屋敷のための木材や，田畑の肥料に利用するための，落ち葉や下草の供給が行われてきた。また農作業の合間に里山に入って薪やキノコを得ることは，最も簡便に現金収入を得るための空間でもあった。緊急時の木材・現金供給源を兼ねた水源涵養林として計画的に森林伐採を行わない場所もある。さらに里山は農村の信仰の対象ともなっている。春の田植えの前に，奥宮より田の神が五穀豊穣のために里宮に招聘され，家々の奥座敷に招かれる。秋に収穫をもたらした後にヤマに帰り，ヤマの奥宮で豊穣をもたらす力を回復すると伝わる地域もある。山道を進めば，奥宮や祠が鎮座する風景をみることができる。このような祠は境神として，人間が生活の中で日常的に関わってもよい里山と，自然の神々の世界である奥山とを区分することで，生態系を維持してきた。このように日本の農村空間は，自然と共生するために心理的空間と対応した「奥」つくり守る空間的な思想がある（槇，1980）。

このように農村がもつ多様な奥は，水源涵養・生物との共生・有機物循環・農村文化の源泉として地域固有性を有している。しかし，近年，少子高齢化に伴い集落単位でのむら仕事が困難となり農村空間は荒れつつある。奥のあり方から集落空間を再考することで，現代世代の住要求に沿いつつ，未来世代に住み継いでいくヒントを探す動きもでてきている。

一例として，谷戸地形があげられる。谷戸とは丘陵地が浸食されて形成された谷状の地形であり，その地形を利用した農業とそれに付随する生態系を指すこともある。谷（や，やと）・谷津（やつ）・谷地（やち）・谷那（やな）などとも呼ばれ，主に東日本（関東地方・東北地方）の丘陵地で多く見られる。谷戸は市街地にのこる貴重な樹林地として注目されており，環境教育や都市計画の中で積極的に保全活用していく実践活動がおこなわれている。

特に水は生命を維持していくために欠かすことが出来ない重要な資源である。わが国は古来より稲作を生活基盤としてきた。地域の成り立ちを理解する上で，地形と水利の問題はもっとも基礎的な条件となる。ここでは，飲料水や生活用水，農業用水等の水をどのように確保しているかといった水系を把握し，土地利用との関係を分析することが必要である。雨のすくない地域や，水に乏しい台地，河岸段丘においては，天水を利用してため池をつくり，灌漑用水路を掘り，棚田などの水を大切に利用する仕組みを発見することができる。

逆に水に恵まれた扇状地や沖積平野では自然の傾斜による河川の流れや，細かに張り巡らされた用水路網により成り立つ。水系デザインにも地域固有性もある。さらに，近年のゲリラ豪雨などの土砂災害への対応などにも，水源から地域固有性を探究することで，構造的な水の流れを分析することができる。

第３節　集落空間を手がかりにした地域固有性の発見

以上のように，集落空間を手がかりに，自然と生活の相互作用で織りなされた地域固有性を発見することができ，現在でも集落空間に住み継がれていることがわかる。このような地域固有性を活かすことができるのは，農山漁村地域や伝統的な町並みが残る城下町や門前町の特権ではない。集落空間が開発により一掃されたかのようにみえる都市の市街地においても，集落空間を手がかりに地域固有性を発現させることは可能である。さらに地域固有性を活用することで，「ここでしかない物語」として現代社会の地域課題解決の依り代となる可能性がある。

その具体例として，姫路駅前で実際に試みられた地域固有性を再発見し地域課題の解決に取り組む２つのプロジェクトを取り上げる。姫路駅前は戦災により消失しており，戦後復興の中で大手前通りの開発や，近年の駅前広場の開発などで都市空間として整備された経緯もあり，伝統的町家等は旧城下町のエリアには一軒も残っていない地域である。このような地域固有性が喪失した地域において，どのような地域固有性が探究され，どう地域課題解決に活かされたのかについて，以下に具体的事例を示す。

１）地域固有性を探究し中心市街地を活性化

まず紹介するのは「姫路城下町よもぎ祭」の事例である。姫路市の中心市街地の南西角に，十二所神社という1000年以上前から存在する神社がある。中心市街地の東西軸を形成する神社の北側道路に十二所線と名づけられるほど，有名な地名である。ところが，この十二所神社，なにが十二なのか，姫路の出身者でも認知度が低い。その理由として，地域住民には，十二所の名前よりむしろ，「播州皿屋敷」の主人公であるお菊さんがまつられた神社として認知されており，「お菊神社」と呼ばれていることがその一因である。お菊さんは健康を祈願し十二所神社にお参りしていたとされ，この神社に祀られている。この神社が健康の神様となった理由は，1000年以上前の姫路で疫病が流行った際に，12本の６mの蓬（よもぎ）が当然生えて，村人を救ったという伝説があり，その十二本の蓬を神様に十二所神社を祀ったことがその縁起である。1000年以上の歴史があり，姫路城が整備される以前から集落を形成してきた場所に鎮座した歴史があった。

一方で十二所神社周辺の市街地は，他の地方都市の中心市街地と同様にシャッター街化しており，賑わいづくりが課題となっていた。そこで，蓬はハーブの女王と呼ばれるように様々な健康効果をもつため，様々な料理にも活用できることから，この伝説を活かし，中心市街地のお店に来た人に，初蓬を提供し，来街者への感謝を込めて，一年間無病息災と街のよみがえりを祈願するイベントを町中でしたら，新しい中心市街地の名物になるのではないかというアイデアが生まれた。このアイデアに基づき，学生たちと仕掛けたのが，「城下町初よもぎ祭」である。街中にある22の店舗に，各店で工夫した蓬にまつわる一品メニューを期間中に特別に提供してもらい，食べ歩きをしてもらいこの伝説を知ってもらおうという地域プロジェクトである。さらに，駅前からの町歩きを大人から子供まで楽しめるように，スタンプラリーや町歩きツアーなど６つのサービスを学生が独自に考案し，姫路駅前広場と二階町商店街と中の門筋（姫路城の内堀内に入る正面の門）という城下町のメインストリートが交わる街角の２カ所で，連動したイベントプロモーションを行った。この２カ所で1,000近いヨモギにまつわるサービスを提供しプロモーションした結果，各店舗で約500の蓬に関連付けられたサービスが提供されるなど，一定の回遊性を実現し活性化の一助とすることができた。なにより，城下町の忘れられた伝説を2,000名近い参加者に知ってもらい楽しんでもらったことは一定の成果があったといえる。駅前と神社，各店舗が，時を超えてつながり，忘れ去られた伝説とともにかつて城下町であった町をよみがえらせる，子供からお年寄りまで市民の楽しみ方となった。さらに，城下町よもぎ祭の中で，ハーブ関連会社が姫路で蓬を生産し，これを原材料に蓬ペーストを製造して，特産品化する動きも生まれている。2017年で４回目を迎えており城下町の地域固有の風物詩となりつつある。

2）地域固有性を探究し商店街を活性化

次に紹介するのは「縁起のいいまち・ハレの日二階町」という姫路駅前の中心市街地にある商店街の活性化の事例である。二階町は姫路城の南側，かつて存在した中堀と外堀の間にあり，東西にのびる町人町であった。慶長６(1601) 年に区画整理がおこなわれる以前から，播磨国総社の参道として発展し，西国街道筋の宿場として発展した。姫路は城下町であり，宿・商家などは平屋しか許可されていなかったが，当時としては例外的に二階建てが許可された。このことが二階町という町名の由来となったとされる。戦災に見舞われたものの，百貨店ができるなど，高級商店街として栄えたが，姫路駅周辺への商業施設集中や商業施設の郊外開発などの影響があり，百貨店も経営再建の対象となり，二階町の東側では，空き店舗が目立つ状況となっていた。

姫路市の依頼を受けて，店舗のオーナーに今後の商売のあり方と活性化に対する意向に関する聞き取り調査をおこなった結果，後継者がいる若手店主を中心に店舗間連携を深めたいという要望があった。そのため，活動を休止していた二階町商店街の青年部を復活させて，賑わい再生のための課題解決に取り組む地域プロジェクトをスタートさせた。その企画が「縁起のいいまち・ハレの日二階町」である。二階町の播磨国総社の門前として栄えた原点に回帰し，プロジェクトは毎月15日に播磨国総社の中の日参りの日に連動して実施するイベントである。

縁起のいいまちづくりをしようという理由としては，現在も営業している老舗の多くが，神棚やみこし，和菓子など祭礼や慶事に関わるものづくりの店が多く，ハレの日に関連した縁起のいい贈答品の販売で商売している店が多かったこともあげられる。さらに，縁起の良さを演出するために，総社のお祓いを受けたくす玉を常設し，縁起玉開きとして，毎月15日に日に２回の縁起玉開きをして，来街者に様々な特典を提供する取り組みを行っている。毎月のイベントも総社の祭礼に関連付けたテーマとなっている。加えて，空き店舗を補完する賑わいづくりのために，フードトラックや手づくり雑貨市など，外部人材とも積極的に連携して賑わいづくりを進めている。その結果，二階町商店街の構成店舗は約70店舗であるが，２年間の活動の中で20店舗が新規開店するなど，目に見える効果も出てきている。地域固有の生業の発展構造を探究することで，地域課題解決につながることを示唆している。

第４節　おわりに

地域固有性を発見するためには，自然と人間の営みの歴史的な集積である集落空間を見ていくことがその助けになるだろう。集落空間は農地と民家のみで成り立っているのではない。里山，奥山を含めた全体から，地域全体の成り立ちを空間的に読み解いていくことが，地域固有性探究のポイントとなる。集落空間の全体像を把握することは，生活の基礎となる耕地や雑木林などの身近な自然との関係をどう考慮したのか，生業に関わる生活の安全や仕事の便宜等をどう考えてきたのかという地域固有の作法を教えてくれる。さらには，都市部においても，かつての集落空間の痕跡から地域固有性を探究することで，地名や忘れられた物語などを発見することができる。特に少子高齢社会となる地方都市においては，限られた人的資源の中で，地域の担い手となる主体形成をいかに進めるかが大きな課題となる。城下町よもぎ祭やハレの日二階町の取り組みは，一見すると地域固有性が喪失したようにみえる地域においても，地名等が示す集落空間の発展構造を手がかりに，新たな地域固有の発展物語を生み出すことができることを示している。その地域固有性のある物語が依り代（ハイパーコネクター）として機能することで，地域への参画する心理的な抵抗が下がり，内部人材のチームビルディングや，フォロワーとして外部人材の周辺参画を促進する効果を生む可能性がある。

現代世代の住要求に沿いつつ，農村空間を手がかりに，新たな地域固有の価値を発見し，住み継がれる資産として発現させることで，地域が住み継がれる可能性が高まるであろう。

参考文献

今和次郎（1989）『日本の民家』岩波書店
内平隆之（2011）「炭滓煉瓦に関する基礎的研究　山口県宇部・小野田地域における通称“桃色煉瓦”を事例に」『日本建築学会計画系論文集』Vol.76　No.662，763-769頁。
内平隆之ほか（2013）「小字区域に着目した谷戸の基礎的単位の抽出とその特徴―横浜市戸塚区旧川上村を事例に―」『日本建築学会計画系論文集』Vol.78　No.694，2507-2511頁。
小林正美編著（2015）『市民が関わるパブリックスペースのデザイン」エクスナレッジ。
日本建築学会編（2005）『集住の知恵　美しく住むかたち』技法堂出版
槇文彦（1980）『見えがくれする都市―江戸から東京へ』鹿島出版会。
守山弘（1997）『むらの自然をいかす』岩波書店。
和辻哲郎（1979）『風土―人間学的考察』岩波書店。

第2部

農業の現場における地域固有性

第7章
在来品種の特産化プロセスと活用に向けた方策
―丹波黒，蔦池大納言を事例に―

山口　創

第1節　はじめに

農作物における在来品種とは，地域で伝統的に栽培・自家採種が繰り返され，特有の形質を獲得した品種であり，全国各地に存在している。こうした品種のうち一部は，「京の伝統野菜」，「加賀野菜」などの地域ブランドを構成する品種として，産地が形成されている例も見られるものの，品質や収穫期が安定せず生産が難しいなどの理由から，多くは高度経済成長期以降，現在主流となっているF_1品種等に置き換えられていき，各地で消滅の危機に瀕している。

一方で，このように生産には不利な特徴を有するにも関わらず，地域の気候風土や食文化と結びつき，固有性が高いことを強みとして，近年，伝統食等と組合わされ，地域づくりや特産農作物として活用される事例も見られる。このような事例から，在来品種を地域資源として活用できる可能性は十分にあると言える。

では，各地の在来品種は，どのような経緯を通して特産化されていったのか。こうした課題に対して，本章では，在来品種の特産化に影響を与える地域要因を明らかにすることを目的とする。具体的には，兵庫県篠山市の丹波黒，京都府伊根町の蔦池大納言を事例に，丹波黒，蔦池大納言の特産化プロセスを時系列的に整理した。そして，特産化に関連する人，組織，環境などをアクターとして捉え，アクター間のどのような相互関係のなかで特産化が展開していったのか考察した。

第２節　丹波黒，鷹池大納言の概要

１）丹波黒の特徴と篠山市における栽培状況

丹波黒の伝統的特産地である兵庫県篠山市は，人口約42,000人（2017年），兵庫県の中東部に位置し，水稲，黒大豆，山の芋などの生産が盛んな農業地帯である。なかでも極晩熟種黒大豆である丹波黒は，多紀郡（現在の篠山市）発祥とされる黒大豆であり，正月料理に欠かすことができない食材として慣れ親しまれている。丹波黒は，６月中旬に播種し，11月下旬～12月上旬に収穫を迎える。篠山市では，熟期を早めるために，11月上旬～中旬に「葉とり」と呼ばれる作業をおこない，年末のお節料理用の需要に間に合うよう出荷している。

丹波黒は，多紀郡南河内村発祥の川北黒大豆，多紀郡日置村発祥の波部黒，波部黒のなかから大粒で粒そろいがよいものを選抜した兵系黒３号の３系統が存在することが知られている。現在，丹波黒として作付け，流通されているもののほとんどは兵系黒３号であるが，川北黒大豆，波部黒大豆も，それぞれ発祥地とされる地域では，代々種子が継承され残っている。

丹波黒の作付面積は，戦後から1970年頃までは兵庫県中東部と京都府中西部にまたがる丹波地域全域で10～20haで推移していたが，減反政策をきっかけに転作作物として飛躍的に作付面積が拡大していった。篠山市内における作付面積に目を向けると，1980年には130haほどであったが2013年には641haと約５倍に急拡大している。篠山市における農作物の作付面積が約2800ha（2013年）なので，５分の１近くは黒大豆が作付されていることになり，丹波黒がどれだけ重要な位置づけにあるのかがわかる。また，乾物需要の拡大とともに生産地は拡大していき，岡山県，滋賀県などでも産地が形成されている。

２）薦池大納言の特徴と伊根町における栽培状況

薦池大納言の特産化に取組んでいる京都府伊根町は，人口約2,200人（2017年），丹後半島に位置し，漁業ならびに舟屋を中心とした観光業が盛んな地域である。薦池大納言は，伊根町のなかでも山間地である筒川地区薦池集落が発祥とされる小豆である。1950年代，薦池集落の住民が，伊根町に隣接する京丹後市久美浜地区の親戚から種子を貰い受けたのがはじまりであり，種子の自家更新を繰り返すうちに現在のような大粒の小豆になっていったと言われている。伊根町では，７月20日前後に播種され，10月中旬～11月上旬に，収穫されている。薦池大納言の特徴は，俵型の形質と粒の大きさであり，大納言の品種・系統のなかでも特に粒が大きい（乾他，2015）。

このような粒が大きいという特徴から，薦池集落だけでなく筒川地区を中心に栽培する農家が増えていき，自家消費されるだけでなく京都府の和菓子店などに出荷されていたが，種子更新の失敗や栽培農家のリタイアが原因となって次第に栽培されなくなり，生産者は一時期，２名だけとなっていた。このように，薦池大納言は，消滅の危機にあったが，2012年，薦池大納言を伊根町の特産農作物としようと，元生産者らが集まってKOMOIKE小豆の会が設立された。小豆の会設立以降，栽培規模は拡大していき，2015年時点で生産者数は25名，１組織，栽培面積は約３haである。

第３節　丹波黒，薦池大納言の栽培・活用状況の変遷

１）篠山市における丹波黒の栽培・活用状況の変遷

丹波黒の発祥地である篠山市は，周囲を山に囲まれた盆地で昼夜の寒暖差が大きく，また土壌も水持ちのよい粘土質土壌と，黒大豆の栽培に適した自然条件に恵まれている。このような好条件のもと，江戸時代中期頃には既に，多紀郡南河内村の特産物として黒大豆が栽培されていた記録が残されている。

明治期以降も，特産物として名声を博し，米の生産調整が始まる1970年頃

には，10ha程作付されていた。当時から，雑穀商である小田垣商店は，種子の配布，技術指導，高値での買取りなどをおこない，丹波黒生産の拡大に努めていた。このように一部地域で作付けられていた丹波黒であるが，1971年に本格化した生産調整の対策として，篠山町農協は収益性の高い丹波黒に着目し，転作作物として栽培が奨励されるようになった（加古他，2008）。結果，1980年：約150ha，1985年：230ha，1990年：470haと飛躍的に作付面積を拡大していき，篠山全域で栽培されるようになった。

一方，作付面積が急拡大するなか供給過剰となり，新たな需要の創出が必要となった。特に，大豊作であった1981年は，生産した丹波黒が売れないという危機に陥った。供給過剰に直面し，篠山町農協は，新たな需要を創出するため，問屋向け（30kg）だけでなく小売店向け（250g）黒大豆の商品化，正月用の豆需要の定着化（煮豆のレシピ開発），ビン詰め，レトルトの煮豆の商品化などに取り組み，煮豆の消費が拡大するようになった（加古他，2008）。また，同時期に，市内外の加工業者によって，黒豆コーヒー，黒豆みそ，黒豆を原料とした飲料などの加工商品の開発がおこなわれていった。

また，転作が本格化すると，粒の大きさが市場価格に直結することから，大粒化，多収化を目指して，生産者，県，農協など様々な主体が栽培技術や種子の改良に取組むようになった。栽培技術については，まず，1975～80年頃，優良生産者の栽培方法をもとに農協や普及センターによって栽培こよみが作成され，黒大豆の一般的な栽培方法として普及された。また，栽培に熱心な生産者は，栽培こよみを参考にしながらも，独自に土づくりや肥培管理，水管理などの改良をおこない，大粒化，多収化を可能とする優れた技術を生み出していった。このような生産者が生み出した栽培技術は，集落や農業関連の集まりなどのコミュニティ単位で共有と継承が行われ，産地全体での栽培技術の向上に貢献してきた。一方，小田垣商店は，皮切れに影響するという理由から機械ではなく自然乾燥，手選別による黒大豆生産を推奨し，小田垣商店の考えに賛同する生産者にこのような自然乾燥，手選別による高品質黒大豆の栽培技術を指導してきた。

種子の改良については，丹波黒は在来品種であるため粒の大小，熟期，収量性などの形質が一定でなかったため，多紀郡の伝統的産地では，生産者，農協がそれぞれ独自に系統選抜し，大粒化に取組んできた（島原，2015）。こうしたなか，1989年，兵庫県農林水産技術総合センターによって，多紀郡の在来品種のなかから純系分離により大粒で粒そろいのよい兵系黒3号が育成された。そして，1992年には，多紀郡4町2農協によって優良種子生産協議会が立ち上げられ，兵系黒3号が供給されるようになった（島原，2015）。

その後，作付面積は2005年頃までは470～500haで推移していたが，2010年には，600haほどに急拡大していった。これは，煮豆用としての乾物の需要だけでなく，枝豆用の需要が高まっていったことが背景として考えられる。丹波黒の枝豆は，10月中旬～下旬が旬で，一般的に出回っている大豆の枝豆の2倍ぐらいの粒の大きさがある。丹波黒の枝豆の美味しさは，産地では古くから知られており，生産者を中心に秋の味覚として食されていた。この食味の良さに着目し，1980年代頃から小田垣商店が「丹波の黒さや」という名称で出荷したり，篠山市が中心となって秋の味覚をPRするために開催しているイベント「丹波篠山味まつり」などでPRしてきたことが功を奏し，篠山の秋の味覚として定着していった。このため，篠山は歴史的な街並みや牡丹鍋に代表される地域食など観光資源が豊かな地域であるが，近年は枝豆を求めて消費者が篠山に訪れるようになるなど，観光資源としての側面も見られるようになっている。一方，このように栽培面積が拡大していくなか連作障害が深刻化していき，収量や粒大の低下といった問題も生じている。

2）伊根町における薦池大納言の栽培・活用状況の変遷

次に，薦池大納言の特産化の展開を，時系列的にまとめる。薦池大納言は，1950年代，近隣の京丹後市久美浜地区から薦池集落に入ってきた小豆が起源と言われている。この小豆を薦池集落で栽培したところ，粒大が大きくなったため評判となり，薦池集落をはじめ近隣地区内で生産者が増えていった。薦池集落は伊根町の中でも山間地で標高も高く隔離された立地にあり，この他と異なる自然環境が小豆の生育に適し大粒化したと語り継がれている。薦池大納言は，当時，薦池小豆と呼ばれ，主に自家消費用や和菓子店向けに20～30戸の農家によって生産されていたが，種子更新の失敗や，高齢化によるリタイアなどの理由により生産者の減少を招き，2011年には７名ほどが主に自家消費用として細々と生産する状況にまで縮小していた。

このようななか，2011年頃，大手小売業者が薦池大納言のことを知り伊根町役場に対し，出荷の打診があった。伊根町役場では，出荷するかどうか判断してもらうため，自給的生産者７名と連絡を取り，会合の場を設定した。結果的に，求められた出荷量が非常に大きく対応できないため契約は見送られたが，会合の対応をしていた町職員A氏と薦池大納言の生産者M氏が，薦池大納言の特産品化を生産者に提案し，2012年９月にKOMOIKE小豆の会が立ち上げられた。

また，小豆の会では，代表に就任したM氏が特産化に向けて様々な取組みをはじめた。栽培面では，生産量を増やしていくためには薦池大納言の種子を安定的に確保することが不可欠と考え，薦池大納言の発祥の地である薦池集落の畑地１haを全て借受け，種子管理をおこなうとともに，メンバーに出荷してもらうため一般的な小豆の出荷価格の２倍で全量買取ることにし，小豆の会の種子管理体制，買取体制を構築した。薦池大納言の一人当たりの栽培面積は，ほとんどの生産者が数a～10aと零細的であるが，薦池大納言を栽培する高齢生産者にとっては，生産すれば高値で買い取ってもらうことができる割のよい作物であること，種子も供給してもらえることから，栽培希望者が増えていき，2013年度には生産者25名，作付面積３ha，2014年には生産者35名，作付面積３haと拡大していっていた。

出荷・活用面においては，小豆の会設立を契機にM氏や役場職員K氏が営業活動をおこない販路の拡大を図っていた。2012年には，地元発祥の農作物ということから町内の道の駅や旅館で扱われ，2013年には，薦池大納言の粒の大きさや希少性が評価され，町外の飲食業者へ販売され始めた。さらに2014年には，単価の下がる粒大の小さな小豆を使った加工品の開発に取り組みはじめた。具体的な成果として，神戸市の洋菓子店の協力を得て小豆を使った洋菓子のレシピを開発し，委託製造と販売がおこなわれるようになった。

一方で，丹波黒の場合と異なり，普及センターなどの農業関連の公的機関がほとんど関与せずに特産化が進められてきたため，鷹池大納言の作物特性が十分に明らかになっておらず，品質が安定しないといった課題も抱えている。

第4節　在来品種の特産化とアクターの機能

1）在来品種の位置付けの変化

以上のように，栽培状況や活用状況が変化するなか，地域における丹波黒，鷹池大納言の位置づけ自体も変化していったと考えられた。丹波黒の場合，生産調整が始まる1970年頃までは，篠山の一部地域の特産物として認識されていた。そして，米の生産調整がきっかけとなり，転作作物として飛躍的に作付面積が増加したこと，農協や加工業者によって丹波黒を用いた商品が数多く開発され，丹波黒の特産物振興が活発におこなわれたことなどから，篠山を代表する特産物として認識されるに至ったと考えられた。さらに，枝豆としての需要も創出され，特産物としての重要性はさらに増していった。また，10月中旬～末にかけての枝豆の収穫シーズンには，丹波黒（枝豆）を目的に消費者が篠山へ訪れるようにもなり，単なる特産物ではなく観光資源としての側面も有するようになったと捉えられた。

鷹池大納言の場合は，特産化に取組まれて日が浅く，丹波黒のようなダイナミックな展開までは至っていないが，いくつかの共通点もみられた。鷹池大納言は，当初は，自給用の小豆として認識されている状況であった。そして，大手小売業者から粒大の大きさ，希少性が評価されたことがきっかけとなり，元生産者を中心に特産化への意識が醸成されていった。その後，生産者組織であるKOMOIE小豆の会が設立され，生産者や栽培面積が増加するとともに，伊根町内の道の駅での乾物小豆の販売や，加工品が開発・販売されるようになり，伊根町の特産物として認知されるようになったと考えられた。

2）特産化を支えるアクターと機能

丹波黒，薦池大納言の特産化を支えるアクターとその機能を**表7-1**に整理した。丹波黒，薦池大納言の特産化で共通した機能を有していたアクターとして，品種自体（丹波黒，薦池大納言）と生産地の自然環境があげられる。丹波黒，薦池大納言はともに，大粒という黒大豆や小豆にとって価値を認められやすい特徴を有しており，このような優れた形質を有しているという点は特産化の前提条件と考えられた。また，在来品種の優れた形質を発揮できる自然条件も重要なアクターと考えられた。

一方，特産化の考案，生産物の買取り，需要開拓，種子管理も，丹波黒，薦池大納言に共通して確認された機能であったが，機能を発揮するアクターが異なっていた。丹波黒の場合，農協，小田垣商店が，生産物の買取り，需

表7-1　特産化に関連するアクターと機能

	アクター	特産化における機能
丹波黒	丹波黒	大粒という形質，江戸時代から栽培の歴史
	篠山	大粒化に適した寒暖差の大きい気候，粘土質土壌
	生産者	栽培技術の向上
	農協	生産物の買取り，需要の開拓
	小田垣商店	種子管理，買取り，栽培技術の普及，需要の開拓
	県（技術センター，普及センター）	種子の改良，栽培技術の改良
	優良種子生産協議会	種子管理
	篠山市	特産化に向けた取組み（イベント開催など）
薦池大納言	薦池大納言	大粒という形質，希少性
	薦池集落	大粒化に適していると考えられている気候
	KOMOIKE 小豆の会	生産物の買取り，需要の開拓，種子管理

注：筆者作成。

要開拓を担っていた。種子管理に関しては，優良種子生産協議会が設立される以前は，生産者や農協が独自に種子の生産を行っていたが，協議会設立後は，次第に協議会が大部分を担うようになっていったと考えられた。鷹池大納言の場合，丹波黒のように多様なアクターが担うのではなく，生産者組織であるKOMOIKE小豆の会が，生産物の買取り，需要開拓，種子管理の機能を担っていた。また，特産化の考案については，丹波黒は農協，鷹池大納言は，伊根町職員A氏，KOMOIKE小豆の会の代表M氏が担っていた。

そして，丹波黒の特産化においてのみ確認された機能として，栽培技術の改良・普及があり，県，農協，小田垣商店，生産者と幅広いアクターが担っていた。丹波黒の場合，大粒化や多収化だけでなく，特産化が進むなかで連作障害への対応，正月需要に間に合わせるための早熟化，気候変動への対応など，様々な栽培上の問題が生じてきた。このような問題に直面しつつも，高品質の黒大豆が生産し続けられているのは，多様なアクターが課題に対応した栽培技術の開発と地域内への普及を担っているためと考えられる。

3）特産化のプロセス

以上のように，丹波黒，鷹池大納言の特産化は，在来品種自体，土壌・気候などの自然環境，農協，普及センター，産地卸商，生産者といった多様なアクターの相互作用のなかで，展開していたと捉えられた。丹波黒，鷹池大納言の事例から考えられた在来品種の特産化プロセスを**図7-1**に示す。

在来品種の特産化は，まず，小売業からの取引依頼（鷹池大納言），米に代わる作物の探索（丹波黒）など品種自体が着目される状況となり，地域内のアクターによって在来品種の特産化が考案される（丹波黒：農協，鷹池：町職員，生産者）。そして，生産者や農協といった農業関連のアクターに特産化の意識が醸成され，種子管理，生産物の買取り，需要開拓といった特産化を進めるための基盤が整えられる。また，需要開拓に取組むなかで新たな消費形態や利用形態が生まれ，特産物としての重要性が高まる。さらに，需要創出に動くなかで観光と結びつき，観光資源としての側面も有するように

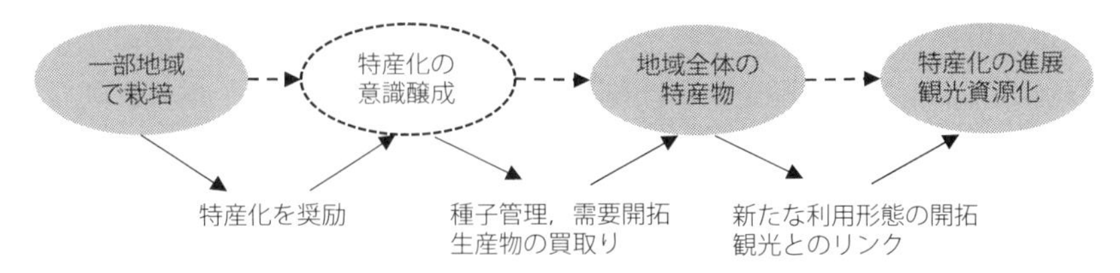

図7-1　在来品種の特産化プロセス

なる。以上のプロセスが考えられた。

これまでの分析から，在来品種の特産化を進める上での要点を考察する。一つは，種子管理体制の構築，生産者からの買取体制，需要開拓体制の構築であり，生産者や生産量を確保する上で不可欠な要件と考えられた。二つは，第一の要件と関連して，在来品種の活用を担う中心的人材の確保である。鷹池大納言の場合，数名のキーパーソンが，生産者の組織化，種子管理体制の構築，買取体制の構築といった特産化を進める上で重要な役割を担っていた。鷹池大納言の事例のように，生産者主導で在来品種の特産化を進める場合，中心的に取組む人材を確保していくことが不可欠と考えられた。

三つは，特産化の前提条件として消費者，生産者に受け入れられる在来品種の特性とその特性を発揮できる自然環境である。丹波黒，鷹池大納言は，黒大豆，小豆の価格を左右する粒が大きいという，消費者，生産者ともに受け入れられる特徴を有するため，特産化が可能になったと考えられる。このように，わかりやすい特性だけでなく，在来品種の特性を見極め需要とのマッチングをおこなうことが，特産化を進めるには必要といえる。

一方，特産化を進める上での課題も確認された。一つは，種子の管理体制についてである。鷹池大納言の場合，中心的生産者がほぼ単独で種子の更新を担っており，非常に脆弱な体制で種子更新が維持されている。中心的生産者のリタイアにより，種子更新に必要なノウハウ自体も失われ，今後，活動自体が消失してしまう懸念がある。二つは，品種の特性把握である。鷹池大納言では，特産化に取り組まれて日が浅く，また，作物の専門的知識のない生産者が独力で特産化を進めてきたため，品種特性を十分に把握できておらず，収量や品質を安定させる点が課題となっている。これらは，丹波黒の場合，主に普及センターら公的機関と生産者が連携しながら対応してきた経緯がある。鷹池大納言の場合，現在は作付面積も小さいため，丹波黒のように公的機関が作物特性の解明を担うことは，あまり期待できない。よって，普及センターや大学等の支援を受けながら，生産者が主体となって栽培試験に取組むなど，生産者主導で基礎的な作物特性の把握をおこなうことが必要と思われる。

第５節　おわりに

以上のように，丹波黒，鷹池大納言を事例に，在来品種の特産化のプロセスやそれを支える諸要因の解明を試みた。結果，特産化が進む過程で，在来品種の位置づけが変化していくと捉えられること，特産化は，品種自体，自然環境，農協，生産者組織といった多様なアクターが相互に影響を及ぼしながら展開すると捉えられることが示された。また，同時に丹波黒，鷹池大納言については，特産化が進むにつれて生じた問題点（丹波黒：連作障害，鷹池大納言：作物特性の把握）も示された。これらについては，問題の構造や解決に向けたアプローチが８，９章で議論されており，参考頂きたい。

引用文献

乾晴香・吉田康子（2015）「京都在来アズキ「鷹池大納言」の粒形質の評価」『育種学研究』17巻（別１），153頁。

加古敏之・羽田幸代・宇野雄一・中塚雅也（2008）「篠山市における丹波黒産地の形成過程と現段階における課題」『農林業問題研究』44巻１号，36-41頁。

島原作夫（2015）「粒が大きくなかった丹波黒大豆はなぜ大粒化したのか―兵庫県の丹波黒大豆を事例として―」『豆類時報』79巻，16-27頁。

第8章 在来品種「鷹池大納言」の遺伝的特性評価

吉田　康子

第1節　はじめに

近年，改良品種の普及によって在来品種や野生種などの遺伝資源が急速に失われている。在来品種はその土地の風土や人々の嗜好にあったものが長い時間をかけて農家によって選抜されてきたため，それぞれの地域で農業上有用な遺伝子が蓄積されてきた。遺伝的にも多様であることから，今後の品種改良にとって重要な遺伝資源となる。またそれぞれの地域固有の遺伝資源である在来品種は，地域の特産品としても期待されている一方で，改良品種とは異なり，遺伝的な雑ぱく性を含むことから，同じ品種でも個体間でばらつきが生じる。

本章では，はじめに育種学の観点から在来品種の有用性と課題，京都府の在来品種である「鷹池大納言」について述べる。そして，大粒のアズキを売りにしている鷹池大納言の遺伝的特性評価によって，大納言アズキにおいて重要な粒の大きさや収量などの形質がどの程度遺伝的に制御され，どの程度環境の影響をうけるのか評価し，それらの形質に影響を与える環境要因を推定した。

第2節　育種学からみた在来品種の有用性と課題

狩猟採取の時代，人々は1500以上の野生植物を食料としていたが，農耕の始まりによっておよそ500種の植物が食料作物として栽培されるようになり，その後の更なる改良によって現在約80種が主要作物として栽培されている(白田，2009)。このように，科学的な手法を用いた近代育種が行われるずっと昔には，農民の意識的または無意識的な選抜によって野生種の栽培化や栽培種の改良が長い時間をかけて行われてきた（育種学辞典　2005)。これまで各地域で育成されてきた在来品種から，純系分離法や交雑育種法，突然変異育種法などを用いた近代育種によって，私たちの生活に有用で優れた改良品種が育成されてきた。

現在では，雑種強勢による生産性の向上や生産物の高い均一性からF1品種が主流となっている。また日本には様々な形をもつダイコンの在来品種が数多く存在するが，現在市場の９割を青首ダイコンが占めているように，作物品種の集中化や画一化が進行している。今後多様な社会的ニーズに対応するための品種育成には，育種の基礎となる遺伝資源の確保がきわめて重要となる。しかし，改良品種の普及に伴い，長い年月をかけて育まれてきた地方品種の喪失，生育地の開発や分断化による野生種や近縁野生種（作物種に遺伝的に近い野生種）などの絶滅によって，貴重な遺伝資源の「遺伝的浸食(遺伝的多様性が極端に減少すること)」が問題となっている。在来品種や近縁野生種は，病虫害抵抗性，環境ストレス耐性，特定成分含有量など，作物にはみられない有用形質をもつ遺伝資源として考えられていることから（育種学辞典，2005)，重要な遺伝資源として期待されている。

在来品種は，農耕時代以前の無意識的な選抜も含めると，１万年以上にわたって農民により選抜されてきた（白田，2009)。そして，それぞれの地域の環境に適応した結果，病害虫抵抗性や環境ストレス耐性など農業上有用な貴重な遺伝子を持っているとされている。このように，長い時間をかけて，農民によってその土地の風土や人々の好みに合った特徴をもつ個体が選抜されてきた「在来品種」は，その地域の固有の在来品種であると言える。また近年では，地域活性を目指した特産品として在来品種が用いられている。近年よく耳にするようになった「伝統野菜」も在来品種である。農林水産省の

HPには，“伝統野菜とは，その土地で古くから作られてきたもので，採種を繰り返していく中で，その土地の気候風土にあった野菜として確立されてきたものであり，地域の食文化とも密接していた。野菜の揃いが悪い，手間がかかる，という理由から，大量生産が求められる時代にあって生産が減少してきた。地産地消が叫ばれる今，その伝統野菜に再び注目が集まってきている。”との記述がある。現在は，全国各地で伝統野菜の復活をめざす動きが活発となっているが，伝統野菜を守ることがその土地の歴史や伝統を守ることにもつながることからも，地域を愛する人々にとって伝統野菜は自分たちの地域を知ってもらう良い機会となっている。

これまで在来品種の多くは地域の種苗店や農家によって維持されてきた。農家による維持を「農家保存」といい，農家が在来品種を栽培することによって遺伝資源を保存することを意味する（育種学辞典，2005）。農家が自家消費のために小規模単位で維持していることが多く，その手間とコストに加えて，近年の農家の高齢化や集落の過疎化により，すでに消滅してしまったものも多い。植物の種子は，何年かに一度種子の更新を行わなければ発芽率が低下していくため，栽培者の不在は在来品種の消失を意味する。そして一度失われた在来品種は二度と復元することができない。そのため貴重な遺伝資源を絶やさぬよう努めなければならない。

しかし在来品種は改良品種にはない農業上有用な遺伝子を持っているとされる一方で，自然受粉（放任受粉ともいう）によって維持されることから，品種内には遺伝的な雑ぱく性を含むと考えられる。そのためF1品種のように品種内のすべての種子が遺伝的に同一でなく，生産者にとって好ましくない品質や収量のばらつきが生じる。例えば，植物体の大きさや発芽，開花時期などの形質が揃っているほど栽培管理がしやすく，高い値段で取引される規格を多く出荷するほど利益が上がる。また収穫物の形が不揃いであれば，収穫後の箱詰めや洗いなどの作業効率や加工効率が低下する。これらの場合，有望な形質をもつ個体を選抜することで，在来品種内のばらつきを軽減することができる。さらに，その品種の遺伝的特性を把握することでより栽培しやすくなる。

第3節　日本のアズキと在来品種「鷹池大納言」

アズキには，流通上“普通アズキ”と，粒の大きい“大納言アズキ”に分かれており，品種や大きさによって区別されている。日本のアズキの用途は，こしあん，つぶあんといった製餡利用が約70%，甘納豆などが13%，煮豆が２%，その他が赤飯なども含めた自家用と報告されている。大納言アズキは，煮たときに皮が破れにくい，いわゆる「腹切れ」が生じにくいことから，切腹の習慣がない公卿の官位である「大納言」と名付けられたという説もある。大粒で煮崩れしにくい特徴から，大納言アズキは粒形が残る甘納豆やつぶあんなどの加工製品や，乾燥アズキの小袋販売などに利用されている一方，普通アズキは主に粒形が残らないこしあんとして利用されている。

大納言アズキにおいては，粒の大きさ，種皮色，風味，加工適性などが重要であるが，粒形を残したまま利用されるため特に外観品質が重要視され，粒が大きく，種皮色が淡い赤色であることが商品価値の高いアズキであると言われている。江戸時代以前から，兵庫県から京都府にかけての丹波地方で栽培されていた在来品種「丹波大納言」は，粒が大きく淡い赤色で風味が良いことから，大納言アズキの中で優れた品種として，和菓子職人や加工業者などの利用者に好まれている。しかし，地域内の様々な在来種が混在したことで遺伝的に雑ぱくとなり，粒の大きさや形，種皮色など品質が均一性に欠け，利用する上で扱いにくいという問題があった。そこで丹波大納言から大粒で淡く赤い種皮色をもつアズキ品種を育成することを目的として，1981年に「京都大納言」，1990年に「兵庫大納言」，2003年に「新京都大納言」など様々な丹波大納言系の品種が育成されてきた。

丹後半島にある京都府与謝野郡伊根町で栽培されている在来品種は，「鷹池大納言」と呼ばれ，長形で光沢があり，大きい粒が特徴である。鷹池大納言は主に町内の農家で栽培・保存されてきたため，遺伝的に雑多であると考

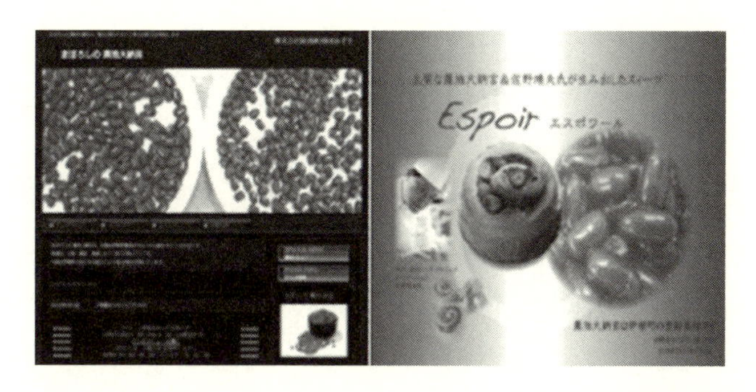

図8-1　株式会社KOMOIKEあずきのウェブサイト（左）と薦池大納言を使ったお菓子「エスポワール」（右）

神戸レーブドゥシェフ（佐野靖夫氏）の監修による伊根町初のスイーツとして薦池大納言を使った「エスポワール」が開発された。http://www2.gol.com/users/ip1112305785/espo-1.jpg

えられる。約30の集落が存在し，その多くが限界集落となり過疎化が進んでいる伊根町では，2012年に生産者有志によって立ち上げられた“KOMOIKEあずきの会”が，町内の農家の収益を安定させるため，農家が栽培した薦池大納言を一定価格で買い上げてきた。現在では株式会社KOMOIKEあずきとして，薦池大納言の大粒で円筒形の特徴を活かし，お菓子の開発やレストランやホテルでの料理に用いるなど精力的に薦池大納言をアピールしており（**図8-1**），薦池大納言は地域活性化の一翼を担っている。

特産品として薦池大納言のさらなる生産量の増加が不可欠であるが，現時点で栽培規模が小さく生産量の確保が課題となっている。そこで栽培規模を拡大するために，薦池大納言を伊根町の薦池地区以外の他地区で栽培したところ，粒の大きさがばらつき，大粒の薦池大納言を安定して収穫することができないという問題が生じた。薦池大納言の粒の大きさは栽培環境の影響を大きく受けることが推察されることから，毎年安定して大きなアズキを収穫できる最適な栽培環境を見つけることが求められる。

第４節　在来品種がもつ有用な形質の遺伝的特性評価

草丈や収量，香り，成分などの特徴を形質とよび，農業上有用な形質は様々ある。消費者に向けた形質には，味や香りなどの「おいしさ」やポリフェノールや抗酸化作用が高いなどの「高機能性」，見た目が面白い形や珍しい色などの「外観」などが挙げられる。一方，生産者に有益な形質とは，病気や害虫にかかりにくい「病害虫抵抗性」やたくさん収穫できる「高収量性」，収穫時期の早い遅いの「早晩性」や耐暑性や耐寒性などの「環境ストレス耐性」などの収益に関係するものや栽培のしやすさなどが含まれる。また作物において日持ちも重要な形質のひとつである。さらに近年では加工作業のしやすさである加工効率に関わる形質も重要視されている。これらの農業上重要な様々な形質が，新品種育成のための育種目標となっている。また，在来品種が改良品種にはない「珍しい」形質を持っていた場合，特産品としての付加価値となることから，その珍しさを生かした商品も多数開発されている。

形質は，親から子に伝わる「遺伝的要因」と気温や日照，降水などの「環境要因」によって支配されている。例えば大納言アズキにとって重要な粒の大きさや収量のように数または量でされる形質は，花の色などの質的な形質に比べて，環境要因の影響を受けやすい。そのため，ある環境では高収量で高品質になる品種も，他の栽培環境では必ずしも高収量や高品質になるとは限らない。また遺伝的に強く制御されている形質は，どのような栽培環境でも安定するが（例えば，どの環境で栽培しても高収量，早生など），遺伝的な制御を強く受けない形質は栽培環境によって大きく変動する。遺伝的特性を把握することで，それぞれの形質がどの程度遺伝的に制御されているのか，どの程度環境の影響を受けるのかを把握することができる。

鷹池大納言の粒の大きさが遺伝的に強く制御されていると仮定した場合，環境の異なるどのような場所で栽培しても粒の大きさは変動しにくい。しかし遺伝的に強く制御されていない場合，栽培場所や栽培者（栽培管理等も含む），年次などの影響を受けやすい。鷹池大納言の生産者にとって，“どの場所で誰が栽培しても”大粒で高収量が得られることが望ましいため，対象とする形質がどの程度遺伝的に制御され，どの程度環境に影響されるかを知ることは，鷹池大納言を栽培するうえで有益な情報となる。また大きな影響を与える環境要因を推定することは，栽培適地の選定に役立つとも考えられる。これらを明らかにするためには，複数の品種や系統を同じ環境で栽培する必要がある。同じ環境下で栽培することによって，遺伝的要因の違いを比較することができる。さらに複数の環境下で栽培することで，対象とする形質がどの程度環境の影響を受けやすいのかも把握することができる。加えて，鷹池大納言の特産化を図るうえでは，既存品種との差別化，つまり他の品種にはない特徴を持っていることも重要な要素となる。鷹池大納言を様々な品種や系統と比較した際に，鷹池大納言に他の品種にはない特徴が見つかれば，それらが付加価値となりうる。また今後の大粒アズキの新たな品種育成においても有益な遺伝資源となることも期待される。

第５節　鷹池大納言の遺伝的特性評価

2014年に兵庫県加西市にある神戸大学の附属農場，食資源教育研究センター（以下，食資源センター）で鷹池大納言と全国の様々な大納言品種や在来品種・系統を栽培し，粒の大きさや収量に関連する形質を調査・比較した。鷹池大納言と比較する材料として，大納言アズキの中でも粒が大きいとされる丹波大納言系４品種（丹波大納言，兵庫大納言，京都大納言，新京都大納言），全国から収集された在来５系統（福島県，石川県，岐阜県，島根県，大分県由来），北海道の栽培品種である「アカネダイナゴン」と比較対象として普通アズキ２品種（「エリモショウズ」，「しゅまり」）を用いた。大きさや収量に関する形質として，百粒重，莢の長さ，一莢内粒数，総莢数，総粒数，総重量，主茎長，主茎節数，分枝数を測定し，鷹池大納言とその他の品種・系統間で比較した。百粒重とはアズキの粒の大きさを表す指標であり，百粒の重さが重いほど粒が大きいこと示す。また総重量とは収穫したすべての粒の重さを表し，アズキの収量の指標とした。また一莢内粒数は，ひとつの莢に入っている粒の数を表す。これらの形質はすべて値が大きいまたは長いほど収量増加につながるが，主茎長は長くなるほど倒伏しやすくなるという欠点をもつ。

供試材料の中でも鷹池大納言の百粒重は最も重く，丹波大納言系で最も粒の大きいとされる新京都大納言と同等の大きさであることが示された（**表8-1**）。また鷹池大納言は最も莢が長く，一莢内粒数が少ない特徴をもつことも明らかになった。一方で，百粒重が同等であった新京都大納言や兵庫大納言に比べて総重量が低く，特に新京都大納言とは40g以上の差がみられた。新京都大納言は，主茎長だけでなく主茎節数や分枝数が多いことから莢数も

表8-1　各品種・系統における５形質の個体あたりの平均値（乾・吉田（2014）を一部改表）

品種	百粒重 (g)	莢の長さ (cm)	一莢内粒数 (粒)	総重量 (g)	主茎長 (cm)
鷹池大納言	23.5 a	11.2 a	4.2 d	80.1 b	54.9 bcd
丹波大納言	21.6 bc	9.7 bc	5.3 c	80.2 b	52.9 bcd
兵庫大納言	23.3 ab	9.7 bc	5.3 c	90.1 ab	60.8 ab
京都大納言	20.3 cd	9.8 bc	5.2 c	81.9 b	51.4 bcd
新京都大納言	23.6 a	10.3 b	4.6 cd	121.1 a	67.0 a
福島	14.4 g	10.4 b	6.9 ab	81.8 b	50.5 cd
石川	20.7 cd	9.8 bc	4.7 cd	64.7 b	46.8 def
岐阜	20.5 cd	9.5 bc	4.7 cd	84.1 ab	47.9 def
島根	19.4 de	10.1 b	5.2 c	89.9 ab	60.1 abc
大分	15.5 fg	10.1 bc	6.6 ab	90.3 ab	49.9 bcde
アカネダイナゴン	17.3 ef	6.7 e	4.8 cd	56.9 b	31.0 g
エリモショウズ	11.7 h	8.6 d	6.6 b	70.0 b	39.6 efg
しゅまり	11.1 h	9.3 c	7.4 a	60.3 b	38.1 fg
平均	18.7	9.6	5.5	80.9	50.1

注：1）１品種あたり７～15 個体の平均値を表す。
　　2）在来５系統は，農業生物資源ジーンバンクより配布を受けた。
　　3）異なるアルファベットは，Tukey の HDS 法による多重比較により５％水準で有意に異なることを示す。

多く，これらが高収量の要因になっていると考えられる。この結果から，鷹池大納言は既存の品種にも見劣りしない大粒の在来品種であると明らかになったが，収量が低いという課題も示された。

鷹池大納言は，伊根町内での圃場間でも粒の大きさにばらつきがでること，伊根町外での栽培では粒が大きくならないことから，環境要因の影響を受けやすい在来品種であることが考えられた。そのため，伊根町内のどの圃場でも大粒の鷹池大納言を収穫するためには，百粒重や収量などの重要な形質がどのような環境要因によって，どの程度影響をうけやすいのかを調べる必要がある。これらを明らかにすることで，鷹池大納言に適した栽培環境を推定することも可能となる。

2016年に伊根町内の２圃場と兵庫県加西市にある神戸大学食資源センター内の圃場の計３つの環境にて，鷹池大納言と丹波大納言系４品種（丹波大納言，兵庫大納言，京都大納言，新京都大納言），在来３系統（福島県，石川県，大分県由来），北海道の栽培品種である「とよみ大納言」を栽培し，百粒重，莢の長さ，一莢内粒数，総莢数，総粒数，総重量，主茎長，主茎節数，分枝数を測定した。２つの圃場は伊根町内の異なる地区に設け，加西市を伊根町外の圃場と想定した。

百粒重は全形質の中で最も品種・系統間変異が大きく，環境間で有意な差がみられなかったことから（**表8-2**），環境の影響を受けにくく，遺伝的要因に強く制御された形質であることが明らかになった。これは大粒の品種はどの栽培場所でも大粒になりうることを示している。そのため鷹池大納言は伊根町の在来品種であるが，伊根町の環境下で特異的に大きくなるわけではなく，加西市でも他の品種・系統に比べても粒が大きくなることが示された。一方，総重量は品種・系統間差が低く，

表8-2　各形質の分散成分

要因	百粒重	総重量
品種・系統	70.5 **	0.1 **
環境	0.0	69.3 **
交互作用	4.5 **	7.5 **
誤差	25.0	23.1

注：全体を 100 とした時の各要因の分散成分。値が大きいほど，その要因の効果が大きいことを示す。
** 1 %水準で有意，* 5 %水準で有意

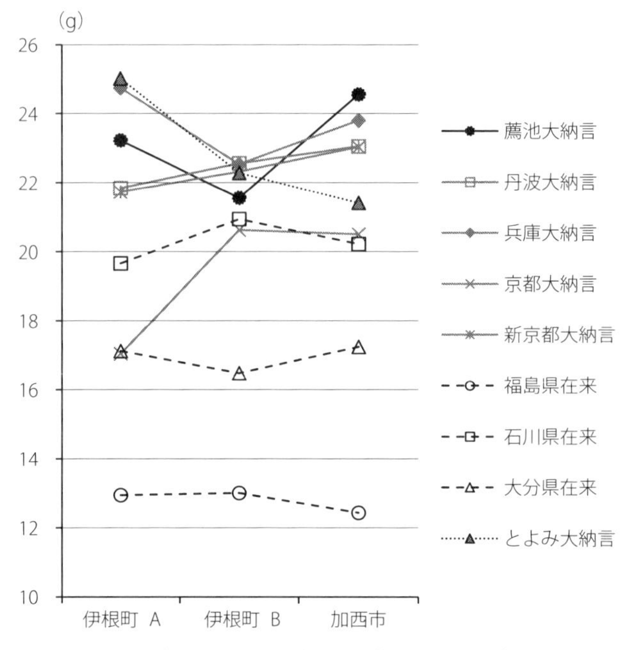

図8-2　３環境における百粒重の変動（澤田ら）

全分散の約70％を環境間変異であったことから，非常に環境要因の影響を受けやすいことがわかった（**表8-2**）。環境変異が大きくなったのは，伊根町の２圃場で総重量が低下したためであり，これは開花時期の降雨と日射量不足による着花不良が原因のひとつであると考えられる。気温との相関関係を想定していたが，現時点で気温との関連性はみられていない。

第６節　おわりに

鷹池大納言は莢が長く，一莢内粒数が少なく，百粒重が大きいという特徴をもち，既存の大納言品種・系統の中でも大粒であることが明らかになった。これは鷹池大納言を大粒の大納言アズキとして特産化するうえで有効な情報であり，今後の大粒の大納言品種の育成のため有益な遺伝資源となりうる。

これまで伊根町内では，栽培圃場によって粒の大きさにばらつきが生じると考えられていたが，今回の調査で粒の大きさは遺伝的に強く制御されているため，環境の影響を受けにくい形質であることがわかった。生産者が粒にばらつきが生じていると感じた理由として，KOMOIKEあずきの会が毎年それぞれの農家から薦池大納言を買いとる際に，生産者によって出荷前に粒を選別する農家としない農家がいるためではないかと考えられる。農家ごとに粒の大きさを調査し，農家の間で本当に粒が大きくばらついていたのかを確認する必要がある。また，薦池大納言は大粒の丹波系大納言品種に比べて収量が低く，栽培環境によって大きく変動することが明らかとなった。

今回の調査では，加西市と伊根町内の２圃場間で収量が大きく異なった。これは開花時期の降雨と日射量不足による着花不良が原因のひとつであると考えられた。野外での調査は形質に影響を与える環境要因の推定は非常に難しいため，今後は環境要因を制御した人工的な環境で栽培することで，環境要因の特定を行う必要がある。また収量は主茎長などと高い相関があるため，施肥などの栽培管理でも大きく変動する。農家ごとに収量などの関連形質と栽培管理状況などを比較することも，収量がどのような環境要因で変動しやすいかを把握するための情報となりうる。

大納言アズキに関わらず，農家にとって高収量性は不可欠である。薦池大納言を大粒で高収量性へと改良するためには，百粒重が大きく，莢数が多く，一莢内粒数が多い個体を選抜していく必要がある。今回調査した大納言品種・系統の中でも薦池大納言は長い莢をもつことから，潜在的に一莢内粒数を増やすことができるポテンシャルをもっている可能性があるが，残念ながら現時点では百粒重の最も重かった３品種（**表8-1**）の中でも最も一莢内粒数が少なかった。これは莢内での栄養の競合や受精不良が原因の可能性も考えられる。今後一莢内粒数を増やす，莢数を増やすなどという，遺伝的な改良も行うことが有効な手段であると考えられる。

引用文献

日本育種学会編（2005）『植物育種学辞典』培風館。

乾晴香・吉田康子（2015）「京都在来アズキ「薦池大納言」の粒形質の評価」『育種学研究』17（別1），153頁。

澤田裕貴・山口創・吉田康子（2017）「大納言アズキの粒の大きさおよび収量関連形質における遺伝子型×環境交互作用」『育種学研究』19（別1），235頁。

白田和人（2009）「生物資源をめぐる国際情勢の変化に対応した作物遺伝資源の保全技術の改良とジーンバンク活動の改善に関する研究」『農業生物資源研究所研究資料』第8号。

第 9 章
地域伝統農法による持続可能な土作りの可能性

鈴木　武志

第１節　はじめに

持続的に同じ場所で農業を行う上で重要なことは施肥である。河川の氾濫などがなければ次第に土壌が不毛になっていく。現在では化学肥料の使用により収量が確保できているが，化学肥料ができる以前では地域に伝統的なリサイクル型の肥料が用いられ，現在の収量と比較すると十分ではないが，一定の収量を確保できていたのであろう。省資源が必要になりつつある現在において，その様な方法を見直しつつあるが，この様な肥料により十分な収量が確保できるかどうかは不明である。本章では，篠山市などでみられる江戸時代後半から，最近まで利用されていた肥料製造庫である灰屋に注目し，灰屋を用いて肥料を作成し，篠山市の特産物である丹波黒大豆を栽培した結果をしめす。

第２節　リサイクル型肥料の必要性

現在の農業で広く行われているのは，一定の土地により多くの労働や資本財（機械，施設，農薬，肥料，材料等）を投入して，労働生産性とともに，土地生産性（面積当たり収量ないし生産額）を高める資本集約的農業である。

この集約的農業には，化成肥料が大量に使われるが，この化成肥料は速効性肥料として作物収量を確実に上昇するだけでなく，①肥料成分のバラツキが少なくなり均一に施肥できる，②原料の形態の組み合わせや粒の大小，硬軟などで肥効が調節できる，③施肥がしやすく，労力が軽減できる，④貯蔵期間における吸湿，固結防止に効果的である，⑤品質が改善されて，商品価値を高める，などといった利点をもっている。

しかし，農林水産省が実施した土壌環境基礎調査（1979～1998年）や，その後引き続き実施された土壌機能実態モニタリング調査（1999年～）によれば，リン酸やカリは過剰傾向にあることが明らかになっている。このような，養分過剰の土壌では，適切な施肥管理をしないと養分間のバランスが崩れ，さまざまな植物の生理障害を示す。さらに，化成肥料の過剰な施肥は，その肥料成分の地下水への浸出によって地下水を汚染する。

また，化成肥料やその原料の価格は，近年上昇傾向で推移しており，特に2008年以降，原油価格高騰の影響や，人口増加のための食糧・家畜飼料の増産，バイオ燃料向けの作物の増産による肥料の需要の高まりによって，急激に高騰してきている。さらに，リン肥料は，その原料であるリン鉱石が約70年で枯渇の危機にさらされており，もし，リン資源が枯渇すれば，食糧はもとよりバイオ燃料も生産できなくなる（大竹，2010）。我が国では，国内においても，リン鉱石は産出されず，国内で消費するリンの全量をすべて輸入に頼っているのが現状で，リン鉱石の枯渇と産出国によるリン資源の囲い込みによって，わが国が海外からリン資源を確保することが年々難しくなっているのが現状である。

このように，農薬や化学肥料の使用法の見直しや，それに代わるものの研究が求められており，さらに現在の農業では，土づくりが重要視され，有機質資材を用いた省資源型農業が奨められている。しかし，現在推進されている農業に使用する有機質肥料は，①肥効期間が長い，②施肥することで土壌物理性の改良効果がある，③肥料成分の保肥力があがる，④病害に強くなる，⑤農薬や重金属などに対して緩衝能があがる，⑥資源のリサイクルが出来るためサステナブルである，といった利点がある一方で，成分や品質にバラつきがあるため，施肥設計が困難であり，生成過程で悪臭がするといった欠点がある。化成肥料と異なり，再生有機質肥料は製造業者から需要者への直接販売が主流であり，またこれらの肥料は各地に偏在しているため，その輸送費が肥料高騰の一因となって安定供給が難しく，経済的にも，供給量の変動によっても農家の使用できる量は限られてくる。したがって，海外や他地域に依存した肥料ではなく，その地域に存在する資源を上手く循環させる地域循環型農業が必要とされている。

昭和20年代までは，日本の農業従事者は，地域に存在する多様な有機質資材を利用して自給自足の肥料を作製して農業を行っていた。例えば，家畜（牛・鶏・豚）の糞，人糞とわら・ごみ・落ち葉を積み重ね，自然に発酵させて作った堆肥を元肥として鋤きこむことや，畝立てした作物の間に施していた。また，毎年７月頃に山や野の共有地でススキや一年生の若い雑木等の草木を刈り取って，直径２～３m，高さ２m程度に積み，発酵させて刈り肥を作成していた。さらに，稲刈りの時期には，籾摺によって出来た籾殻を蒸し焼きにして，もみ薫炭をつくって肥料として用いた。

第３節　灰屋でできること

これらのことから，「畑（農業）」と「里山」は密接な関係にあったことが見て取れるが，丹波地域では，これらをつなぐ重要な役割を果たす「灰屋」という建物が存在する。この灰屋は今から40～50年ほど前まで全国的にみられた土壁の自家製肥料製造庫である。灰屋は，地区によって形に傾向があり，農家が手作りしたもので，様々な作り方のものが見られるが，ほとんどのものが，厚み１寸（303mm）程度の土壁で，工法は練積み，日干しレンガ積み，泥団子積みである。また３方向もしくは４方向が土壁で囲まれており，焼土をつくる際の燃焼時，時には開口部から炎と煙があふれ出るような状況になることもある（畑中・片平，2006）。

丹波地域の場合，この灰屋は基本的に畑の端や山裾に作られることが多かったため，他の地域の灰屋が，道路拡張や農地整理の際に取り壊されたにも関わらず，この丹波地域では今も多く残存しており，随所に見かけることが出来る。さらに，灰屋で作製した肥料は，米や麦だけでなく，特産物の豆やイモ類の優良な肥料として長い間利用されていたことも，その理由として考えられるが，現在では減反によって空いた畑で黒豆を大量に作って商品として流通させたため，肥料も安価な化成肥料にとって代わられ，灰屋で作製した焼土肥料が使用されることはほとんどなくなってしまった。

この灰屋では，里山や畑で採取した雑木や雑草，有機性の廃棄物をこの灰屋内にストックしておき，ある程度溜まったら畑の土と数段の層状に重ねて蒸し焼きにすることで「焼土」が作られる。この焼土は，有機物が完全に燃焼して生成された灰と，蒸し焼きにすることで有機物が不完全燃焼し生じた炭，そして加熱された土が含まれている。

焼土中の灰は，燃焼した植物遺体に含まれる植物に必須の多量元素や微量元素が，高温下で酸化物や炭酸塩，硫酸塩などの形になったものである。植物遺体内部のミネラルを作物はすぐには利用できないが，灰にすることですぐに利用できるようになるという利点がある（農文協，2006）。また，草類ではカリウム，木材ではカルシウム，イネ科植物はケイ酸を比較的多く含んでいるため，燃焼させる素材を選べば，作物に効かせたい成分を多く含む焼土を作製することもできる（Ojima et al., 1994）。さらに灰の効果としては，害虫の忌避効果や病原菌の抑制なども指摘もされている。

焼土中の炭は物質を吸着する能力があるため，肥料を逃がさず，肥もちがよくなると言われている。また，高温で蒸し焼きにされて出来た炭は多孔質でアルカリ性であるので，一般の微生物は寄り付けず，独立栄養性のチッソ固定細菌や光合成細菌，藻類などが入り，次いで競争に弱い根粒菌や菌根菌が入って土壌中の環境が変わっていくと予想されている。その結果，これらの微生物の働きで，土壌の乾湿に肥効が左右されにくいのではないかと考えられている。（Ojima et al., 1994）。

焼土中の加熱された土は，加熱されることによって土の可給態窒素が増加し，さらにこれが土壌中に戻された時，有機物をエネルギー源とする，硝酸菌や亜硝酸菌の活動が促進されると報告されている（Brye, 2006）。また，加熱に伴う土壌中の窒素の形態変化は，非加熱土壌と比べて，加熱土壌中の硝酸態窒素は，加熱温度の上昇に伴い減少し，反対に土壌中のモノアミノ酸に由来するアンモニア態窒素が増加し，200℃でピークに達すると報告されている（Kelly, 1914a；三井・柳澤，1943）。加熱した土壌を用いて三要素試験をおこなった結果，いずれの要素区でも加熱土壌区での陸稲の籾収量と藁収量は非加熱土壌のおよそ2倍に達したという結果（Kelly, 1914b）や，無施肥区，無窒素区において，焼土を用いた区のほうが葉色，草丈，茎数などが著しく優れ，無リン酸区でも初期から生育が良好であり，土壌の加熱によって，リン酸の可給態化も少し認められたという結果も報告されている（三井他，1942）。また化学的に有効なだけでなく，土壌の粘着力を減じ，最少容気量を増加するなど，物理性の改善に役立つことも報告されている（大工原，1901）。また，土壌を加熱することによって，その土壌中に含まれる土壌病原菌や雑草種子を死滅させることができることもわかっている（Olarieta, 2011）。

以上のように，土壌と有機物を一緒に燃焼させて作製した肥料には，化成肥料にはない多くの効果があるにも関わらず，1910年代にアンモニア合成法が開発され，世界各地で空中窒素固定事業が展開されたことから，化成肥料が焼土にとって代わった。日本でも，1930年代には国内の硫安生産量は急増し，それに伴って化成肥料が主流となり，1940年代には，焼土を利用する習慣がほとんど途絶えてしまった。さらに灰屋での焼土づくりは，土壌の粉砕，植物体の積み込み，圃場への散布など，重労働な作業であることも，灰屋が衰退した一因であると考えられる。しかし，前述のとおり，近年のバイオマス（未利用有機質資源）の有効利用が推進されている中，農耕地への還元もひとつの手段で，現在では，「腐らせる」こと，つまり堆肥化が一般的な手段となっているが，過去の研究や，海外の農業を考慮すると，「焼く」ことも堆肥化と同様，有効な手段になると考えられてきたが，積極的に使われることは少ない。

第４節　灰屋での焼土の作り方とその成分

1）焼土の作成方法

本節では実際に灰屋を用いて作成した焼土とその成分について紹介する。2011年５月17日から29日にかけて兵庫県立並木道中央公園（兵庫県篠山市西古佐90番地）内で再現された灰屋を使い焼土作製を行った。使用した灰屋の大きさは，縦2.05m×横1.8m×高さ1.9mであった（**写真9-1**）。

焼土の材料の植物体として，篠山市内の河川敷で採取したカヤ（アシ：*Phragmites australis*）と，竹（マダケ：*Phyllostachys bambusoides*）をチップ状にしたものを主成分として２種類の焼土を作製した。これらの焼土をそれぞれ，カヤ焼土，竹焼土とした。なお，カヤ焼土と竹焼土の作製にはいずれも稲藁（イネ：*Oryza sativa*）も使用した。また，焼土の作製に使用した土壌は，並木道公園内の山で採取した。

カヤ焼土は2011年５月17日，**図9-1**に示したように，下から土壌10cm，カヤ30cm，藁10cm，土壌15cm，カヤ30cm，藁10cm，土壌15-20cmを灰屋内にミルフィーユ状に積みいれた。2011年５月25日に灰屋入り口の下段カヤ，藁部分に点火して，燃焼温度を約２時間置きに測定しながら，火が広がり材料が燃焼して鎮火するまで待った。途中，火が広がりやすいように数箇所に

写真 9-1　丹波並木道　中央公園で再現された廃屋

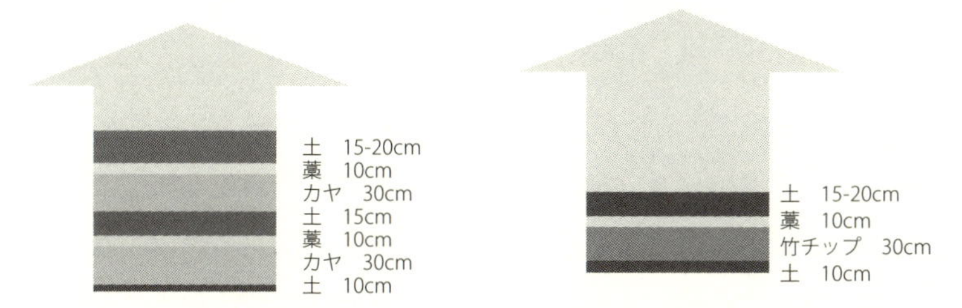

図9-1　カヤ焼土作製の材料の状況　**図9-2　竹焼土作製の材料積みげ時の様子**

カヤの束を垂直に刺し，空気の通り道をつくった。鎮火は，５月30日で，材料と土壌の嵩が減り温度が下がった事から判断した。

竹焼土に関しては，2011年７月５日，**図9-2**に示したように，灰屋内に下から土壌10cm，竹チップ30cm，藁10cm，土壌15-20cmを灰屋内に積みいれた。土壌は山で採取後乾燥させたものを用い，藁は上に積んだ土壌が下に落ちないようにするために使用した。７月９日に灰屋入り口の竹チップ部分に藁で点火して，火が広がり材料が燃焼して鎮火するまで待った。７月14日に鎮火した後，焼土を灰屋から取り出した。

自然に鎮火したあと，これらの焼土を取出し，４mmの篩に通した。大きいものは，**写真9-2**に示した木槌や丸太に木の棒を付けた道具で砕き，再び４mmの篩に通した。

写真 9-2　焼土粉砕に用いた道具

2）焼土材料と焼土の化学性

表9-1に，焼土の化学性を示した。表に示した通り，燃焼によりpHは有意に減少したが，これは燃焼により生成された酸性物質のためであろう。また，燃焼後の土壌はカルシウム含有量が有意に高くなっていた。これは，焼土ではそれぞれカヤと藁，竹と藁と交互に重ねて燃焼させたので，植物体中の成分が酸化物となり焼土に残ったためであろう。同様にEC，無機態窒素，可給態リン，カリウム，マグネシウム，ナトリウムなどの交換性陽イオン，TC，TNは燃焼前の土壌と比較して有意に増加した。**表9-2**に蛍光X線で測定した元素組成の結果を示した。カヤ焼土では，使用土壌と比べてMgO, SiO_2, P_2O_5, SO_3, Clの含有率が増加していた。竹焼土では，使用土壌と比較して，MgO, SiO_2, P_2O_5, Clと，特にK_2Oが増加していた。これらは植物の必須

表9-1　作製した焼土と，焼土作製に使用した材料の化学性（平均値±標準偏差：n=3）

	pH	EC mS m^{-1}	NH_4-N mg kg^{-1}	NO_3-N mg kg^{-1}	可給態P P_2O_5mg kg^{-1}	TC g kg^{-1}	TN g kg^{-1}
使用土壌	7.85±0.10 c	20.2±0.7 a	32.6±6.0 a	8.6±0.4 a	278±57 a	7.5±0.3 a	0.3±0.1 a
カヤ焼土	7.46±0.02 b	67.6±3.7 b	71.9±5.5 b	9.3±0.4 a	917±68b	22.2±0.9 b	0.8±0.1 b
竹焼土	7.04±0.02 a	99.1±3.3 c	78.7±4.6 b	12.2±1.4 b	722±128b	37.2±1.3 c	0.8±0.1 b

注：同一列の異なるアルファベットは有意差を示す（$p<0.05$, Tukey-HSD）

表9-1 つづき

	交換性陽イオン			
	Na_2O mg kg^{-1}	MgO mg kg^{-1}	K_2O mg kg^{-1}	CaO mg kg^{-1}
使用土壌	58.1±0.2 a	12.4±2.8 a	181.4±3.2 a	7631±426 b
カヤ焼土	83.3±1.4 c	139.86±7.9 b	1219.8±7.8 c	52423±197 a
竹焼土	65.8±0.7 b	142.99±10.5 b	718.8±39.9 b	5513±2867 a

注：同一列の異なるアルファベットは有意差を示す（$p<0.05$, Tukey-HSD）

表9-2　焼土材料及び焼土の元素組成（蛍光X線回折による。原子番号8以下をのぞく）

単位：mass%

	MgO	Al_2O_3	SiO_2	P_2O_5	SO_3	Cl	K_2O	CaO	TiO_2
使用土壌	0.83	19.4	66.9	—	0.26	0.029	5.89	5.21	1.43
カヤ焼土	1.1	18.7	68.4	0.26	0.34	0.112	5.89	4.09	1.05
竹焼土	0.90	18.1	68.9	0.16	0.24	0.057	6.07	4.05	1.43

栄養分であり，カヤや竹の無機成分が付加されたのであろう。

以上のような焼土の化学性や蛍光X線元素分析の結果から，焼土の成分に関して，今回作成したカヤ焼土，竹焼土は肥料成分が増加することが明らかとなった。また，原料がカヤと竹で多少違いが認められた

第5節　焼土を利用した丹波黒大豆の栽培

1）栽培方法

栽培実験には，篠山市新荘にある農家所有の圃場で行った。広さは約330m^{2}で，11畝を使用した。また，実験圃場の前作は水稲であった。栽培実験には，兵系黒3号（*Glycine max.*（L）. Merrill cv. Hyoukei kuro-3）の種子を兵庫県立農林水産技術総合センターより供与いただき，使用した。

圃場での各試験区の施肥方法は，栽培前に全体に牛糞を施肥したのち，肥料無しの無施肥区，JAの栽培暦どおりにおこなった慣行区，カヤ焼土を肥料として用いたカヤ焼土区，カヤ焼土と牛糞を用いたカヤ牛糞区，カヤ焼土と尿素を用いたカヤ尿素区，竹焼土のみもちいた竹焼土区，竹焼土と牛糞を用いた竹牛糞区，竹焼土と尿素を用いた竹尿素区の計8区を1畝ごとに設定した。焼土の施肥量は聞き取り調査の結果，植物体の株元に茶碗一杯分相当（200g）を施肥し，焼土に追加した牛糞と尿素は慣行区とチッソ施肥量が同等になるように株元に施用した。

2）丹波黒植物体の生長量

表9-3に10月に測定した植物成長量を示した。値は栽培した植物体（n＝20～23）の，平均値を示す。慣行法区，カヤ牛フン区，竹焼土区の草丈は，竹尿素区のよりも有意に大きかった。葉緑素量は，カヤ牛フン区，カヤ尿素区，無施肥区は，竹尿素区よりも有意に高かった。主茎長は，慣行法区で最も高くなっており，これはカヤ焼土区，無施肥区，竹牛フン区よりも有意に高くなっていた。茎径に関しては，全ての区で有意な差はなかった。以上の

表 9-3　丹波黒の成長量

	葉緑素量	草丈 (cm)	主茎長 (cm)	茎径 (mm)
無施肥区	39.2±4.5　b	78.0±7.3　ab	57.8±7.1　a	18.1±4.8
慣行区	38.5±2.8　ab	83.5±9.9　b	72.2±4.4　b	22.4±2.8
カヤ焼土区	38.0±3.3　ab	77.7±6.7　ab	57.5±12.8 a	18.3±2.7
カヤ牛フン区	38.8±3.1　b	83.5±7.4　b	65.4±3.0　ab	19.8±2.4
カヤ尿素区	38.8±4.2　b	79.5±8.5　ab	62.2±4.5　ab	19.5±3.8
竹焼土区	37.4±3.5　ab	80.6±10.3　b	64.7±10.4 ab	19.3±1.8
竹牛フン区	37.3±4.7　ab	78.3±13.3　ab	57.7±8.8　a	20.7±1.1
竹尿素区	36.0±3.7　a	73.7±10.3　a	66.7±3.9　ab	20.5±3.1

注：異なるアルファベットは有意差を示す（Tukey の HSD　$p<0.05$）

結果から慣行法で栽培した植物体のサイズが有意に大きいことがわかる。データは示さないが，葉の新鮮重，乾燥重，茎の乾燥重に関しては有意な差が認められなかったが，いずれも慣行区が最大の値を示し，慣行法による栽培で植物体が大きくなることがわかった。

3）丹波黒未熟種子（エダマメ）の収量構成要素

表9-4にエダマメの収量構成要素（n＝７株）を示した。示した収量構成要素は試験区間では有意な差は認められなかった。しかしながら，粒数，粒新鮮重，莢新鮮重，莢数ではいずれも慣行区がほぼ最大値をしめし，慣行法がもっとも収量が大きかった。同様の収量構成要素では，次にカヤ尿素区，

表 9-4　未熟種子（エダマメ）の収量構成要素

	粒数 (g/株)	粒新鮮重 (g/株)	莢新鮮重 (g/株)	莢数 (個/株)	３粒莢 (個/株)
無施肥区	240±65	240±70	481±150	196±56	1.7±1.6
慣行区	317±67	313±68	646±127	256±44	1.9±0.7
カヤ焼土区	195±65	180±72	376±131	155±49	2.0±1.0
カヤ牛フン区	254±82	247±85	499±164	202±67	2.4±1.0
カヤ尿素区	257±133	245±137	512±250	212±101	1.7±1.3
竹焼土区	192±83	181±87	370±165	151±66	2.2±1.9
竹牛フン区	203±46	197±52	413±104	179±52	1.2±0.8
竹尿素区	322±17	308±24	611±46	250±12	3.2±1.1

竹尿素区がいずれの区でも大きく，カヤ焼土区，竹焼土区では無施肥区とほぼ同じか小さかった。したがって，今回設定した施肥量の焼土のみでは慣行区と同等な収量はえられず，尿素などの窒素成分を含む肥料との併用もしくは施用量の再設定が必要であろう。丹波黒の枝豆はほどんどが２粒莢か１粒莢であるが，今回得られた結果からは，有意な差はないが竹尿素区，カヤ牛糞区において３粒莢が若干高い値を示した。今後，３粒莢を増やす農法のヒントとなるかもしれない。

４）丹波黒種子の収量構成要素および収量

表9-5に丹波黒種子の収量構成要素（n＝７株）を示した。すべての収量構成要素で有意な差や傾向は認められなかった。いずれの試験区でも肥効より裂皮やカビなどの影響の方が大きかったのであろう。100粒重については，全ての区でほぼ同程度であったことから，粒の大きさは，試験区で違いはなかったと考えられる。さらに，丹波黒大豆中の成分である炭水化物，油脂，粗たんぱく質，無機成分などの栄養成分も測定したが有意な差は認められなかった。健康補助成分として期待されるイソフラボンやアントシアニン含量も測定したが有意な差は認められなかった。以上の結果から，丹波黒豆種子の収量構成要素や品質では，違いは認められないことが分かった。元肥のみの無施肥区とも大きな違いがないことから，前作の肥料が残存していたこと

表 9-5　丹波黒種子の収量構成要素

	整粒 (g/株)	100 粒重 (g/株)	粒数 (粒/株)	整粒/総数
無施肥区	74±42	67.5±3.6	163±85	0.72
慣行区	83±42	66.0±1.5	223±102	0.65
カヤ焼土区	109±23	64.2±2.2	266±44	0.7
カヤ牛フン区	94±34	66.8±0.8	226±77	0.66
カヤ尿素区	80±41	65.9±2.0	195±93	0.67
竹焼土区	85±46	65.4±3.8	186±102	0.68
竹牛フン区	67±27	66.2±3.6	160±66	0.69
竹尿素区	84±32	64.8±3.1	201±71	0.7

注：異なるアルファベットは有意差を示す（Tukey の HSD　$p<0.05$）

も考えられるが，焼土が十分収量に影響を与えていると考えてもいいであろう。

第6節　おわりに

以上の様に灰屋を用いて焼土を作成し，丹波黒大豆の栽培を試みた。作成した焼土は十分に肥料成分を含んでいた。栽培試験の結果からは，今回設定した焼土単独の施用量では化成肥料に頼った慣行法と比較すると収量は若干およばないが，不足する肥料成分を他の肥料で補助もしくは，施用量を増やすことによって，化成肥料にとって代わる可能性を見出せた。

灰屋のように過去に使われた手法により，循環型社会を作ることは今後重要になってくるであろう。しかしながら，現在用いられている農業と比較すると，現状では，労働時間も増え，収量の減少が予想されるが，品質は同等であり，収量の減少も今回示したように実際にそれほどないのかもしれない。今後，ほんとうに資源がなくなった時のために，この様な固有性の高い伝統農法の伝承，実践，科学的根拠の記録の積み重ねが必要である。

引用文献

Brye, K. R.,（2006）Soil physiochemical changes following 12years of annual burning in a humid-subtropical tall-grass prairie: hypothesis, *Acta Oecologica*, Vol.30, pp.407-413

Kelly, W. P.（1914a）The organic nitrogen of Hawaiian soils. Ⅱ. The effects of heat on soil nitrogen, *J.Am.Chem.Soc.*, Vol.36, pp.434-438

Kelly, W. P.（1914b）The organic nitrogen of Hawaiian soils. Ⅰ.Theproducts of acid hydrolysis, *J. Am. Chem. Soc.*, Vol.36, pp.429-438

Ojima, D. S., D. S. Schimel, W. J. Patron, C.E. Owensby,（1994）Long-and-short-term effects of fire on nitrogen cycling in tallgrass prairie, *Biogeochem*, Vol.24, pp.67-84.

Olarieta, J. R., R. Padrò, G.Masip, R. Rodriguez-Ochoa, E., Tello（2011）'Formiguers', a historical system of soil fertilization（and biochar production?）, *Agric. Ecosyst. Environ.*, Vol.140, pp.27-33

大竹久夫（2010）「リン資源のバイオリサイクル」『化学と生物』第48巻，28-34頁。
大工原銀太郎（1901）「焼土肥料に関する研究」『農事試験場報告』第20巻，1-46頁。
農文協（2006）「特集　灰－究極のミネラル」『現代農業』第85巻，58-117頁。
畑中久美子・片平深雪（2006）「参加型の伝統建造物復元による地域づくりへの試み～丹波並木道中央公園における灰屋（はんや）づくりワークショップを通して～」『日本建築学会大会学術講演梗概集』2006年，639-640頁。
三井進午・小西千賀三・江川友治（1942）「焼土の肥効に関する研究（その３）窒素の可給態化について」『日本土壌肥料学雑誌』第16巻，252-254頁。
三井進午・柳澤宗男（1943）「焼土の肥効に関する研究　加熱土壌を畑状態に保ちたる際の炭酸瓦斯の発生」『日本土壌肥料学雑誌』第17巻，353-354頁。

第10章
農薬が地域の生物に及ぼす負の影響

星　信彦

第1節　はじめに

この地球上で使われている化学物質は10万種ともいわれ，中には我々の健康を脅かす存在として想定されるものが800種もあるとされる。2013年7月，環境ホルモン（内分泌攪乱化学物質，生体内であたかもホルモンのように作用して内分泌系を攪乱する環境中微量化学物質）について，WHO（世界保健機関）とUNEP（国連環境計画）の報告書が公表された。1960年代以降，世界各地における野生生物に起きたさまざまな生殖異変［内分泌攪乱］は，10年前の2002年にWHOとIPCS（国際化学物質安全プログラム）が出した総合評価報告書当時と比べ，はるかに広範であり，地球上すべてのヒトも野生生物も環境ホルモンに曝露されていること，生殖系への影響（男性器の発生異常）のみならず，神経系（脳発達障害，認知機能やIQの低下），そしてある種のがん（乳がん，前立腺がん等）リスク増大への有害影響との関連性が明らかにされつつあることに言及している。科学的因果関係を完全に証明することは難しいものの野生生物に起きた生殖異変と環境ホルモンとの関係はもはや疑う余地がなく，それらの発生源の多くはほとんど知られていないことをあげ，問題の深刻さに警鐘を鳴らしている。報告ではとくに『農薬』の生体への影響に大きな関心を寄せている。また，一部の環境ホルモンの使用禁止や制限により，野生生物の個体数の回復や健康問題の改善に関する報告もあり，環境汚染問題は喫緊の課題であるとしている。

本章では，はじめに農薬による環境汚染と生物に与える影響についての疫学データを紹介する。そして，日本型農業と農薬の安全性評価ならびに新規浸透性（ネオニコチノイド系）農薬の鳥類・哺乳類の脳神経系および行動に与える影響について動物実験で検証しその問題点について述べる。

第２節　農薬が生物に与える負の影響

１）「微量なら安全」神話の崩壊

小説『複合汚染』（有吉佐和子，1975）は，農薬や洗剤，重金属等，身近な環境中の化学物質によるヒトや野生動物への複合的な影響が描かれ，多くの消費者運動が生まれるきっかけとなったといわれている。その背景には，レイチェル・カーソンの『沈黙の春（原題：*Silent Spring*)』（1962）での，農薬の残留性と毒性影響の指摘に加え，食用油に混入したPCB（ポリ塩化ビフェニール）類による「カネミ油症」，ベトナム戦争に使われた枯葉剤に含まれたダイオキシン類の毒性影響，有機水銀による「水俣病」，薬害の「サリドマイド」や流産防止を目的として処方された合成女性ホルモン（ジエチルスチルベストロール）による若年女性の膣がん発生など，動物だけでなくヒトにも化学物質の影響例が相次いで報告されたことが挙げられる。当初は殺虫剤の「大量使用」を原因とする環境影響による間接的被害との理解であったが，農薬DDTやPCBのように環境中で長い間分解されずに残留し続ける物質もある。そのような物質は，食物連鎖を通じて生態系ピラミッドの上位に位置する生物に高濃度に濃縮されヒトにも大きな影響を及ぼす。その慢性影響は，生殖毒性，免疫毒性，神経毒性などの複雑な毒性症状であることが明らかとなっていった。米国のシーア・コルボーンらが1996年に著した『奪われし未来（原題：Our Stolen Future)』は，我々に化学物質による危険性を再び強烈に惹起させるものであった。著者らは，ここ数十年間に世界各地で報告されていた野生生物やヒトへの化学物質の影響を扱った数千にのぼる論文を精査し，そこから一つの仮説を導き出した。それは「環境中に存在する微量の化学物質（「内分泌攪乱化学物質」いわゆる環境ホルモン）が，野生生物やヒトのホルモンの正常な作用を乱し，生殖あるいは子孫の健康に取り返しのつかない影響を与えている」ということだった。すなわち，化学物質による健康被害といえば公害病や発ガン性などが重視されていた時代に，コルボーンらは「微量なら安全」という考えが実はまったくの誤りだったことを提示した。さらには，新生児のへその緒からは，多種多様な化学物質がみつかった。その中には，ダイオキシンやPCB，カドミウムといった悪名高き汚染物質のみならず，有機リン系農薬，ピレスロイド系農薬およびネオニコチノイド系農薬（後述）も含め300種近い化学物質が検出された。母親から守られているはずの胎児の複合汚染が明らかになった。すなわち，現代人は生まれる前から汚染されているのである。器官形成・発達時期である胎児および新生児は成体と比べて薬物等への感受性が極めて高くその作用機序も異なるため，汚染物質が不可逆的に脳，あるいは生殖機能を障害する可能性が示唆されている。

2）日本型集約農業と農薬—農薬の歴史—

人口に比べて狭隘で山地と丘陵地が7割を占める国土を持つ日本では，小農家族経営による狭い耕地に肥料や労働を多く投入する「日本型集約農業」が江戸時代中・後期に成立し，他のアジア諸国を大きく上回る生産性を達成した。そして現在，そこには灌漑施設，農業機械，生産・出荷施設，化学肥料，農薬の使用，農業従事者の雇用などの資本が注入され，農業が工業化されてきた。農業の高効率化，あるいは農作物の保存のため，殺菌剤，防黴剤，殺虫剤，除草剤，殺鼠剤，植物成長調整剤などのいわゆる農薬が大量に使われるようになった。その要因として，上述のように日本の農地の問題に加えて，農業従事者の平均年齢が70歳に届こうという異常な高齢化も大きな比重を占めている。

20世紀前半までは農薬の中心は天然物や無機物であったが，1938年，合成染料の防虫効果の研究からDDTに殺虫活性があることを発見され，「農薬」

は人類が大量に化学合成によって作る時代に入る。第二次世界大戦後になると本格的に化学合成農薬が利用されるようになる。元来，神経ガスの研究から発展したものであって，パラチオンなどの初期の製品は，殺虫力が強力であるのと同時に，人に対しての毒性が極めて高いものであった。その後，各国で低毒性化の研究開発が行われ，選択性の高い，低毒性の化合物が登場した。1990年代に入り，人体への安全性が高く（選択毒性），また植物体への浸透移行性があり残効が長い利点があり，殺虫剤の散布回数を減らせる新たな農薬，ネオニコチノイド（後述）が開発され，現在の農薬の主流となった。

３）農薬のリスクと安全性評価

農薬の多くは生理活性を有する化学物質であり，その使用によって防除対象とする病害虫や雑草以外の作物，ヒトおよび環境に何らかの悪影響を及ぼす可能性がある。そのリスク対象は，①散布者（健康影響），②対象作物（薬害），③飛散，④消費者（残留農薬による健康影響），⑤水産動物（田面水の流出による水景汚染）など，様々な側面で捉える必要がある。それ故，農薬それぞれについて科学的な評価を行い正しい使用法等管理しながら用いることが必要である。

ある化学物質が安全であるかどうかは，物質の固有の性質（毒性の強さ）だけではなく，日常生活の中でその物質に接触する量と時間とで決まる（「毒性の強さ」×「接する量（曝露量）」）。すなわち，化学物質の危険性は，その物質の持つ毒性の強弱と日常生活の中でその物質への接触の仕方の双方から考える必要がある。農薬の場合，収穫物に対する残留農薬リスクに対しては，実験動物を用いた毒性試験に基づきヒトに対する摂取許容量を決め，別に行う作物残留試験から当該許容量以下になるような使用方法を策定している。農薬取締法では，農薬の安全確保の観点からある一定の基準をクリアしたもののみ登録が許されている。

第3節　新規浸透性（ネオニコチノイド系）農薬の検証

1）新規浸透性（ネオニコチノイド系）農薬の標的とその作用メカニズム

ネオニコチノイドとは，タバコの有害成分ニコチンに似た成分（ニコチノイド）を元にしているためネオニコチノイド（新しいニコチン様物質）と名付けられた。アセタミプリド，イミダクロプリド，クロチアニジン，ジノテフラン，チアクロプリド，チアメトキサム，ニテンピラムの7成分（4種が日本で開発）が登録されている。1980年代の農薬の主役，有機リン系農薬の後を受けて1990年代に開発された化合物で，1990年代から市場に出回り始め，現在世界でもっとも広く使われている。神経系で重要な働きをしているアセチルコリンの正常な働きを撹乱して，害虫に対して少量で高い殺虫効果を示す（**図10-1**）。

その特徴は，①浸透性，②残効性，③神経毒性である。また，ネオニコチノイド系農薬という場合は，同じ浸透性農薬であるフィプロニルも含まれる

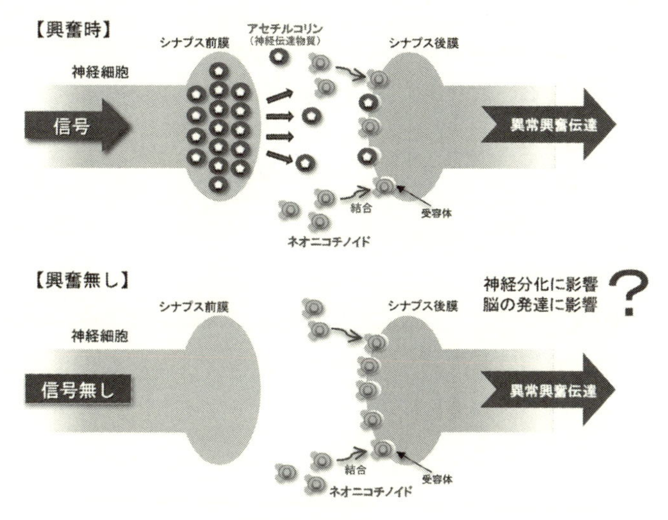

図10-1　ネオニコチノイドの作用機序

（しかし作用機序が異なる。フィプロニルは抑制性の神経伝達物質γアミノ酪酸—通称GABAを攪乱する）。ネオニコチノイド系農薬は脊椎動物より昆虫に対して選択的に強い神経毒性を持つため，ヒトには安全とされ，ヒトへの毒性の高い有機リン系の農薬に代わる効率的な殺虫剤であり，また，水に溶けて根から葉先まで植物の隅々に行きわたる浸透性殺虫剤として作物全体を害虫から守れる効果的な農薬という宣伝のもと，現在では農地や公有地などで大規模に使われている。更に，一般家庭のガーデニング，シロアリ駆除，ペットのシラミ・ノミ取り，ゴキブリ駆除，スプレー殺虫剤，新築住宅の化学建材など広範囲に使用され，現在，殺虫剤・農薬として世界100カ国以上で販売されている。しかしながら，2000年代以降の急速な使用量増加に伴い，ネオニコチノイドは世界各地で発生したハチの大量死（蜂群崩壊症候群：CCD）の直接的な原因物質として2012年，*Nature*，*Science*誌などの世界一流の科学雑誌に報告される等，ミツバチを通じて作物生産に対しても影響を与えたことから注目を集めた。さらに近年，ネオニコチノイドは，ラット新生子由来の神経細胞に対しても異常興奮反応を引き起こすことが明らかにされた。また，公表されている無毒性量以下であっても鳥類・哺乳類の生殖や行動に影響を及ぼす報告が相次いでいる（後述）。一方，疫学調査からも米国小児科学会あるいは欧州食品安全機関をはじめ多くの報告が，これらの農薬が注意欠陥多動性障害（AD/HD），うつ病，学習障害との関連等，脊椎動物に対しても不測の影響を与える可能性を強く指摘している。このような状況の中で，EU（欧州連合）は2013年に予防原則に基づきネオニコチノイド３種を使用禁止とし神経発達障害との関連を懸念する見解を公式発表した。北米においても，自治体や政府機関レベルで規制が始まっているが，我が国においては，規制はおろか，適用拡大と農作物中の残留基準値の緩和が行われ，また，国民の認知度も低い。ネオニコチノイドに対する影響評価は国際レベルで急務となっている。

2）鳥類・哺乳類の繁殖能力に及ぼす影響（図10-2）

雄のウズラにクロチアニジン（鳥類における毒性量は公表されておらず，ラットにおける無毒性量の1/3～1/30になるように調整）を30日間，経口投与したところ，精子になる細胞のDNAが断片化するとともに精子数が減少した。さらに，その雄と未投与の雌を交配させたところ，生まれた卵の胚の大きさや重量に異常がみられ，ふ化しない卵の割合も高まった。また，幼鳥の雄と雌のペアに 6 週間クロチアニジンを上記と同様量投与したところ，投与濃度が増加するにつれ，精巣では，活性酸素種による細胞傷害を抑制する抗酸化酵素が減少した。その結果，酸化ストレス（活性酸素が過剰に蓄積された状態）が増加し，タンパク質，脂質そしてDNAが障害されることで，精巣が障害を受けたものと考えられた。また，卵巣でも，同様のことが起こり，妊娠を維持する細胞（顆粒膜細胞）に異常がみられ，産卵率も低下したものと考えられた。

♂：精子へのダメージ→ 男性不妊
♀：卵母細胞の成熟から受精まで広く影響

図 10-2　小動物の繁殖能力に及ぼす影響

3）哺乳類の脳神経系および行動に及ぼす影響

（１）クロチアニジン慢性および急性投与が及ぼす行動学的影響（図10-3）

クロチアニジンの無毒性量（動物に有害な影響が認められない最大量）を挟んで様々な濃度になるように配合した経口補水ゲルを性成熟した雄マウスに与え，６種の軽度ストレスより２つを毎日順序無作為に与える慢性予測不能ストレスを４週間与えた。このストレス下でのクロチアニジン投与最終日に10分間のオープンフィールド試験（広くて明るい新奇環境での自発的な活動性を測定する）を行った。

総移動距離（自発運動量の指標）は，クロチアニジンおよびストレスを負荷しても変化しなかった。一方で，中央区画滞在時間（不安様行動を示す個体で減少）は相加的に減少した。そこで，クロチアニジンによる行動影響発現に関与する脳領域を明らかにすることを目的とし，成熟雄マウスにクロチアニジンを単回経口投与し，投与１時間後に高架式十字迷路試験（不安行動を測定する行動試験で，床から60 cmの高さに設置した十字型のプラット

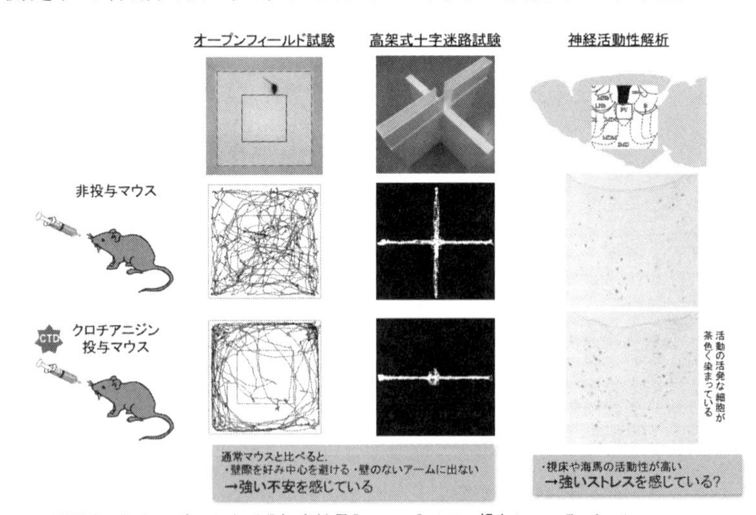

（重要なことは，マウスにおける無毒性量［NOAEL］以下で投与していること！）

図 10-3　成獣マウスへのクロチアニジン単回投与実験結果

フォームのうち，向かい合う２つのアームには白色の壁があり，他の２つのアームには壁がない）による行動解析を行い，２時間後に脳を摘出し神経活動を評価した。行動解析の結果，無毒性量の1/10量投与群においては対照群と比較して，「壁のないアーム」の滞在時間および侵入回数の減少がみられた。無毒性量投与群においては，さらに総移動距離の減少ならびに迷路探索時における異常啼鳴（20 kHz以下）およびすくみ行動（Freezing）が観察された。組織学的解析の結果，情動およびストレス反応に関与する視床下部，海馬において，神経活動を反映するc-fos陽性細胞数の増加がみられた。以上の結果から，クロチアニジン投与下においては，新奇環境ストレスに曝露された際にアセチルコリンを伝達物質とするコリン作動性神経の投射を受ける脳の視床下部（呼吸や心臓血管運動などの自律機能の調節を行う総合中枢）や海馬（記憶や空間学習能力を担う）における過剰な神経興奮が生じ，不安様行動やストレス応答を誘発することが示唆された。

（２）胎子期・乳子期におけるジノテフランの摂取が及ぼす行動学的影響（精神発達障害・うつとの関連）

①ジノテフランとドーパミン作働性神経系に関する神経行動学的研究（図10-4）

ネオニコチノイド系農薬が発達期のヒトの脳神経に影響し，とくにモノアミン神経系（アミノ基を一個だけ含む神経伝達物質または神経修飾物質の総称で，セロトニン，ノルアドレナリン，アドレナリン，ヒスタミン，ドーパミンなどが含まれる）を攪乱することで発達障害を引き起こすことが示唆される。著者らはネオニコチノイド系農薬のうち，現在最も多く使用されているジノテフランをマウスの発達期から成熟期にかけて無影響量（動物に影響が認められない最大量）を参考に自由飲水により投与し，黒質—線条体のドーパミン神経系に及ぼす影響を神経行動学的および免疫組織化学（抗原抗体反応を利用して，特定の物質の局在やそれを発現する細胞要素を可視化する組織化学法）的に解析した。その結果，ドーパミン産生量が増強され，自

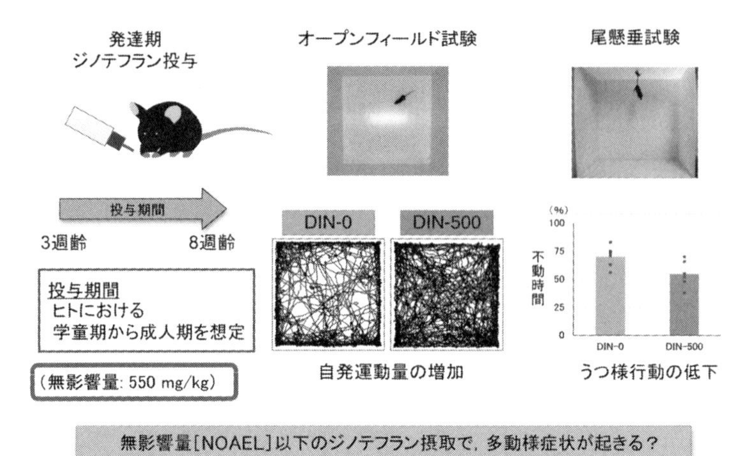

図 10-4　発達期ジノテフラン摂取が行動に及ぼす影響

発運動量が増加（多動）したものと考えられた。

②ジノテフランとセロトニン神経系に関する神経行動学的研究

種々のストレスにより脳内モノアミンの減少が引き起こされると，精神疾患発症の原因となる。抗うつ薬はセロトニンやノルアドレナリン量を増やし，脳の活動を活発にして症状を改善しようとするものである。中脳背側縫線核（脊椎動物の脳幹にある神経核の一つで，セロトニン神経の大部分がここに集中している）では，アセチルコリンの受容体（$\alpha 4\beta 2$型）を介し，セロトニンの分泌調節が行われている。著者らは，「胎子期および生後発達期のマウスにジノテフランを投与するとうつ様行動がみられる」との仮説を立て，その検証を試みた。材料と方法は上記①と同様とした。投与期間最終日に抗うつ薬の評価試験として用いられている尾懸垂試験と強制水泳試験（両試験ともうつ病モデルの開発にしばしば利用されている）を行った。その結果，発達期，胎子期にジノテフランに曝されたマウスでは，両試験において，ジノテフラン投与による不動時間の増加は認められず，むしろ，発達期投与による尾懸垂試験では有意な減少，胎子期投与による強制水泳試験では減少傾向を示した。また，セロトニン陽性細胞数についても，ジノテフラン投与による減少は認められず，うつレベルの上昇に対する特異性は確認されなかった。

4）発達神経毒性評価

発達神経毒性は，重金属や化学物質などの曝露による胎子期あるいは生後発達期の神経系の構造および機能に対する有害作用である。妊娠中や授乳中に母体が化学物質に曝露された際，胎盤や母乳を介して間接的に胎子や乳子の神経系，とくに脳の発達が影響を受けることがある。しかしながら，現状の非臨床試験（動物実験）において，発達神経毒性は，必須の検討項目となっていないため，実際の毒性試験では検討されていない場合が殆どである。それ故，何万種類もある化学物質は，脳神経の発達を阻害する毒性があるのか不明のまま市場に出回っているのが現状である。曝露感受性が高い胎子・子ども，化学物質に過敏に反応する人々，高齢者などに配慮したリスク評価のあり方が取り残されており，それによる見逃し・見過ごしの可能性が否めない。とくに神経受容体を標的とした農薬では，この「見逃さない」・「見過ごさない」ための安全性・リスク評価は極めて重要である。

第4節　おわりに

FAOSTAT（国連食糧農業機関運営の食料・農林水産業関連データベース）2013をみると，日本の耕地面積あたりの農薬使用量は世界トップクラスであり，ドイツ，英国，米国の3.5～7倍，北欧諸国の約15倍という農薬使用大国の顔がみえる。そのネオニコチノイド系農薬は稲作の田植え機用育苗箱に大量に使われ，夏季には有人・無人のヘリコプターによる空中散布も加わる。ネオニコチノイド系農薬は確実に生物多様性を減少させ，すでに水田生態系から水系へと広く汚染を引き起こしており，海外の研究者からは，自ら進んで国土と国民を危険にさらす状況に，驚きの目が注がれている。加えて，ネオニコチノイド系農薬の発達神経毒性に関する報告が年々増加し，その影響が増々確かになってきている。未来を担う子どもの脳の健康に関わる重大事なので，地球温暖化のように完全に立証されなくとも，至急，「予防原則」に基づいた規制を行うべきではないか。EUでは農薬など環境ホルモン作用のある化学物質の法的規制を実際に実行しており，欧米では主にハチへの毒性を理由に，ネオニコチノイド系農薬の規制も強まってきている。規制の始まらない（むしろ，緩和政策を行っている）日本でも，この危険性は何となく理解されつつあるようで，ネオニコチノイド系農薬を排除する自治体や団体も増えており，無農薬／有機農業の需要は高い。それらの生産物を，個々人が購入し，あるいは保育園，幼稚園，小中学校の給食に使うことなどにより，少なくとも今一番危険にみえる農薬の問題は，徐々に個人の努力でも解決できる部分がある。また新鮮な無農薬／有機農業生産物の「地産地消」により，地域農業を振興し，一石二鳥となりうるし，若い人も呼び込める。農薬だけでなく，その他の環境化学物質による健康被害を受けないためにも，「何が危ないと科学的に言われ始めているか」予防原則に従った，食べ物などの情報に常に注意することが肝要であろう。

生物多様性を維持することは地域多様性・地域固有性を守ることであり，すべての生命の存立基盤（酸素の供給，豊かな土壌の形成など），暮らしに有用な資源価値（食べ物，木材，医薬品など），豊かな文化の根源（地域色豊かな文化，自然と共生する自然感など），ならびに暮らしの安全性（災害の軽減，安全な食の確保など）に繋がるものであり，地域おこしに必要不可欠なものと考える。

参考文献

European Food Safety Authority（2013）：*EFSA J.* 11: 3471.
Hirano T, *et al.*（2015）*J. Vet. Med. Sci.* 77: 1207-1215.
Hirano T, *et al.*（2017）：*Toxicol. Lett.* Oct 10. [Epub ahead of print]
Hoshi N, *et al.*（2014）：*Biol. Pharm. Bull.* 37: 1439-1443.

Kimura-Kuroda J, *et al.*（2012）：*PLoS ONE*, 7: e32432.
Takada *et al.*（2018）：*J. Vet. Med. Sci.* in press.
Tanaka, T.（2012）：Toxicol. Ind. Health. 28: 697-707.
Tokumoto J, *et al.*（2013）：*J. Vet. Med. Sci.* 75: 755-760.
Yoneda *et al.*（2018）：*J. Vet. Med. Sci.* Feb 9［Epub ahead of print］.
WHO/UNEP（2013）：State of the science of endocrine disrupting chemicals - 2012, pp.1-298, Geneva, Switzerland.
黒田洋一郎・木村―黒田純子（2014）『発達障害の原因と発症メカニズム』河出書房新社。
森千里・戸高恵美子（2008）『へその緒が語る体内汚染―未来世代を守るために』技術評論社。

第11章 社会的に形成される地域固有の特産農産物

國吉　賢吾

第1節　はじめに

近年，農村地域の過疎化や住民の高齢化による担い手の減少などにより，地域産業が衰退し，雇用や所得の減少がみられる。その対策として，農村地域の主産業の一つである農業において，その豊かな地域資源を最大限活用した新たな価値創出の促進が進められている。そうした中で，全国各地で地域資源の活用によって，その地域ならではの，いわゆる地域固有の特産品を生み出すための試みが行われている。広辞苑によると，固有とは⑴もとからあること，もしくは⑵特有。その物だけにあること，とされている。農産物の場合，その地域にもとからあるという例は少ないと考えられるため，農産物としての地域固有性とは，その地域だけにあることとしてここでは考えるものとする。

特定の地域にだけある，ということはどのような状態として捉えられるだろうか。従来の農産物開発においては，品種やDNA，明らかな形質の違いといった客観的な判断基準が特定の地域にのみ存在していることが重視されてきた。しかし近年，DNAのような客観的に測定可能なものとは異なる視点が地域の固有性として注目されている。西川（2006）は地域資源のもつ地域性・歴史性などの情報を付加価値として用いることが有効であるとし，植田（2010）はその使用価値や交換価値と共に環境・文化的価値への着目が固有性を高めることになるとしている。つまり，従来重視されてきた客観的な指標とは異なり，地域の自然や歴史・環境・文化といった主観的に評価される地域との関係を表す指標が固有性に対して影響を及ぼすとしている。

農産物は，一体どのように地域の固有なものとしてみなされるようになるのか。本章では，地域固有性の特に主観的な面に着目し，二つの事例からその過程を見ていく。対象となる事例は，奈良県大和郡山市で展開する「なら橘プロジェクト」と滋賀県東近江市奥永源寺地域で展開する「政所茶レン茶゛ー」である。

第２節　大和橘と政所茶の特産化

１）奈良県大和郡山市と「なら橘プロジェクト」

（１）事例の概要

奈良県大和郡山市は，奈良県北部に位置し，奈良市に隣接する人口約８万人の平地農業地域である。なら橘プロジェクトは，大和郡山市を中心に，橘をブランド化することで地域の環境・観光・健康産業の活性化につなげる取り組みとして開始された。このプロジェクトで活用される地域資源である橘はミカン科の常緑小高木であり，日本の本州においては唯一の野生柑橘類であるとされる。本州の温暖地には，現在でも橘は自生しており，その商品化に取り組んでいる地域も存在する。つまり，このプロジェクトにおいて橘は大和郡山市以外にも存在する資源であることが特徴である。

（２）対象事例の発展経緯

対象事例のなら橘プロジェクトの発展経緯における主な出来事を**表11-1**，形成された主体関係を**図11-1**に示す。なら橘プロジェクトは，2010年頃から開始したが，その開始前にプロジェクトにつながる動きがあった。かつては城下町であった大和郡山市において創業400年余りの歴史がある菓子屋を営むK氏が菓子に関する講演を行っていた際，菓子の祖として橘を取り上げていた。K氏は，その時点で奈良時代の書物である「古事記」に記されてい

表11-1　なら橘プロジェクト発展経緯の主な出来事

2010年	大和郡山市商工会において地域特産品開発チームが発足
2012年	なら橘プロジェクト推進協議会設立
2013年	補助金「なら農商工連携ファンド」に採択
2014年	K氏により橘の和菓子4種類が完成
	橘街道プロジェクトが地域活性化モデルケースに選定

資料：聞き取り調査により筆者作成。

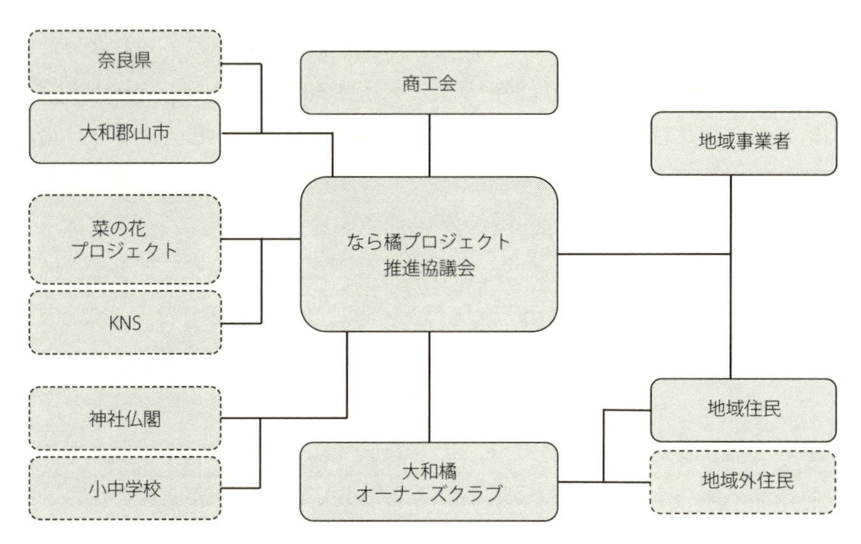

図11-1　なら橘プロジェクトの主体関係

注：破線部は地域外の主体である。

る田道間守と橘との不老長寿の薬効をもつという伝説を認識していた。その後の2010年に，大和郡山市の商工会において地域の土産品をつくるためのプロジェクトが始まった。このプロジェクトには当時地域の金融機関を退職後，大和郡山市商工会で審議委員を務めていたＪ氏が積極的に関与していた。商工会で行われていた土産品のプロジェクトに参加したK氏は，以前より認識していた古事記の橘に関する記述を紹介し，橘を活用した菓子の製作を提案した。Ｊ氏は，自身で農園を営んでおり，以前より大和郡山市で耕作放棄地を活用し，菜種を生産する菜の花プロジェクトに参加していた。しかし，菜種価格の低迷などを理由とし，特産品開発への展望は見出せないでいた。こうした中，Ｊ氏は古事記に記された橘の伝説の存在と橘による特産品開発に可能性を感じ，K氏と共に活動を開始した。

大和郡山市には，奈良県明日香にある橘寺と奈良市の平城京を結ぶ橘街道と呼ばれる道があり，地域住民は街道名を今でも認識している。また，奈良時代の書物「万葉集」にも橘に関する和歌が69種類あることを発見する。こうした橘に関係する事実がありつつも，すでに橘は生産されていなかったため，特産品を開発するために橘の果実を入手する必要があった。様々な調査の結果，奈良県葛城郡にある廣瀬大社にも橘に関する言い伝えがあり，境内に橘の成木がある情報を入手する。こうした境内の数本の橘から実を採取し，菓子店を営むK氏によって菓子の試作品開発が進められた。2012年には，より活動の範囲を広げていくことを目的として「なら橘プロジェクト推進協議会（代表Ｊ氏。以下，協議会とする）」を設立した。協議会は，Ｊ氏とK氏を中心に複数の地域住民とともに立ち上げられた。また，この頃新たに活動に参加したメンバーによって橘に関する調査が行われ，橘にはヤマトタチバナという通名があることが分かり，以降は大和橘と呼称されるようになる。

特産品の開発を継続するためには，果実の安定的な確保が必要となるとの考えから，協議会は地域の事業者とも連携して大和橘の苗木生産を始め，果実の量産を進めていく。Ｊ氏は，以前より参加していた菜の花プロジェクトの経験から類似の方法として耕作放棄地を借り受け，大和橘を植樹する方向性を決めた。2012年から，田道間守の墓があると言われる奈良市尼ヶ辻西町にある宝来山古墳付近及び橘街道沿いへの植樹が実施された。

協議会は奈良県環境県民フォーラムの自然環境分科会に参加し，地域行政との関係づくりも進めた。またＪ氏は，関西を中心とする異分野コミュニティとして活動する関西ネットワークシステム（KNS）に参加し，関西圏にも広くネットワークを築いた。これにより，橘街道沿いに大和橘を植樹していたが，KNSと連携することで関西圏へと拡大した形での，橘街道プロジェクトも進められた。2013年，公益財団法人奈良県地域産業振興センター

表11-2　なら橘プロジェクトにおける資源に対する働きかけと資源の性質の変化

	活動内容	資源への働きかけ	新たに加わる資源の性質
開始前	古事記にある不老長寿の薬効を持つ橘を把握	発見	歴史的な史実
2010年	商工会の活動で橘の存在と伝説を把握	共有	－
	万葉集に記された橘の和歌69首の把握	調査	歴史的な史実
	地域の廣瀬大社の橘の伝説と実在を把握	調査	古い時代から継承
	橘寺と平城京を結ぶ橘街道を把握	調査	地域の原風景
2012年	なら橘プロジェクト推進協議会設立	共有	－
	橘の通名ヤマトタチバナを把握	調査	他の地域にはない
	橘街道沿いへの植樹活動	現実化	－
	古事記の伝説が関係する古墳周辺への植樹活動	現実化	－
	奈良県環境県民フォーラム分科会に参加	共有	－
	関西の異分野コミュニティ「KNS」に参加	共有	－
2014年	柑橘類産地である山辺の道周辺への植樹活動	共有	－
	薬膳料理家O氏との連携による薬膳料理の創出	現実化	－
	県内の他の社寺への橘の植樹活動	現実化	－
	植樹した橘をオーナー会員に割り当てる	共有	－
	橘の校章・校歌を持つ小中学校への植樹活動	調査/共有/現実化	地域の人々に親しまれる

資料：聞き取り調査により筆者作成。

の「なら農商工連携ファンド」に「大和橘の栽培技術の確立とそれを活用した健康食品の開発及びブランド化」として採択され，この支援を活用して，プロジェクトのロゴマークの商標登録や商品開発が進められた。このように奈良県及び大和郡山市といった行政からの支援を受けている。2014年には，奈良県天理市柳本町の歴史的風土特別保存地区内の耕作放棄地である県有地に大和橘を植樹した。同年，薬膳料理研究家のO氏とも協力し，大和橘を活用した薬膳料理への取り組みを開始した。同時期に，菓子屋K氏によって，大和橘を使った４種類の和菓子が完成する。またこの頃より，法華寺や大安寺，薬園八幡神社などの奈良県内の社寺における境内への大和橘の植樹活動も広がっていった。そして2014年５月には，橘街道プロジェクトが内閣官房地域活性化統合事務局に地域活性化モデルケースとして選定された。また地域内外の住民がプロジェクトを支援できる制度として協議会が「大和橘オーナーズクラブ」を運営しており，一口年間4,500円の会費で2015年７月時には223名の地域内外の住民が参加している。また，小中学校には，橘を校章や校歌に取り入れている例が少なくない。こうした橘と関係する小中学校にも出向き，校内への植樹活動を幅広く展開している。以上の一連の活動による資源への働きかけとそれにより資源に付加された性質を**表11-2**に示す。

2）滋賀県東近江市と「政所茶レン茶゛ー」

(1) 事例の概要

滋賀県東近江市奥永源寺地域は，東近江市の北東部で三重県との県境に位置する人口453人（世帯数224）の中山間地域である。この地域は，「宇治は茶処，茶は政所」との茶摘み唄があるほどの，政所茶とよばれる茶の産地である。奥永源寺地域は，寒暖差が激しく朝霧が発生しやすいことで，茶の栽培に適しているといわれる。しかし，近年は植林による山林化や耕作放棄地の拡大により，生産量は19世紀後半の最盛期の約30分の１程度まで減少している。政所茶の茶樹は在来種であるといわれ，奥永源寺地域の気候風土に適しているとされる。つまり，在来種という改良された品種にはない有用な特徴を持つ可能性をもつ地域資源を活用している点が特徴として挙げられる。政所茶レン茶゛ーはこの奥永源寺地域において政所茶を活用することを中心的な目的として活動を行う任意団体である。

(2) 対象事例の発展経緯

対象事例の発展経緯における主な出来事を**表11-3**，形成された主体関係を**図11-2**に示す。2012年８月に滋賀県立大学の授業として，地域再生をテーマとするフィールドワーク実習が奥永源寺地域で実施された。この授業に参加した一部の学生が，授業終了後も地域と関わることを地域住民に提案することで活動が開始された。授業における経験から，政所茶の茶樹は実生から栽培されたものが多く，それらは長年奥永源寺地域で受け継がれてきた在来種であること，また地域の資源である落葉や刈草などを用いることで，農薬や化学肥料を使わない伝統的な栽培方法が実施されていることを発見してい

表11-3　政所茶レン茶゛ー発展経緯の主な出来事

2012年８月	滋賀県立大学の夏期集中講座が実施
2012年９月	政所茶レン茶゛ー発足
2013年	政所茶レン茶゛ーによる茶販売開始
2014年	定期開催の茶づくり塾が開始
	八日市南高校との連携を開始
2015年	就労支援組織との連携を開始
	滋賀県立大学との連携で茶器デザインづくり
	煎茶 10 種類，番茶２種類を新たに商品化

資料：聞き取り調査により筆者作成。

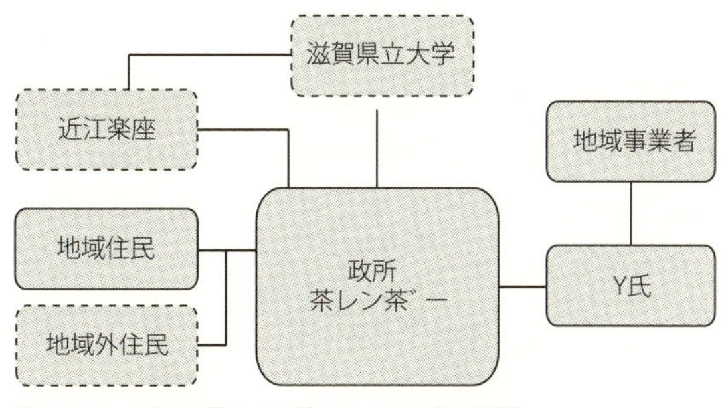

図11-2　政所茶レン茶゛ーの主体関係

た。在来種を用いる要因として，冬季は積雪量の多い奥永源寺地域では，改良品種では積雪重量に茶樹が耐えることができないことが挙げられる。過去，滋賀県立大学に在籍し，フィールドワーク実習においてもアシスタントとして参加していたY氏らも参加し，2012年９月に奥永源寺地域の地域活性化を目指す「政所茶レン茶゛ー」が立ち上げられた。発足時のメンバーは学生８名，社会人２名，東近江市の行政職員３名の計13名である。

その後，奥永源寺地域の茶農家の協力で茶畑550m^{2}を借り受け，茶樹の手入れや加工などを住民から学び，月に２～３回の管理作業を実施した。結果として，2013年６月に初めて茶を商品化し，商品の販売を開始するに至っている。また活動資金を得るため，滋賀県立大学が地域貢献を目的とする学生主体のプロジェクトを支援する「近江楽座」のプログラムとして2013年度に選定された。

2014年4月，奥永源寺地域に2人の地域おこし協力隊が採用され，その一人に政所茶レン茶゛ー発足当時から活動に関与していたY氏が採用された。その後はY氏が地域で中心となって活動し，同年10月には茶の栽培・管理・収穫が体験できる「無農薬・在来種の茶づくり塾」を開始した。茶づくり塾は，年間6回のスケジュールで除草や手摘みなどの作業が東近江市君ヶ畑町で実施される。Y氏は後に政所茶レン茶゛ーを脱退し，地域おこし協力隊として地域の住民や事業者との仲介する役割を果たしている。2014年冬には，Y氏を中心に政所茶の紹介紙を東近江市の博物館グループと連携して作成した。この際，政所茶の歴史に関して以前から認識していた内容と共に，追加的に文献などを通じて調査して作成され，完成した紹介紙は地域内外者に配布して情報を共有している。以降もY氏が主体的に活動し，2014年11月には県立八日市南高校の食品流通班である3年生の約10名と共に耕作放棄地を再生した。また2015年4月には東近江働き暮らし応援センターと連携し，茶畑での作業を通じた就労支援を開始した。同月，滋賀県立大学の生活デザイン学科と連携し，政所茶に合う茶器のデザインを授業の課題として取り上げ，改めて地域特有の茶樹形を発見し，24名の学生が制作した。2015年6月には，将来的にも政所茶が継続していくために地域外の住民とつなぐ役割として政所茶縁の会を発足させ，情報交換をしている。また，伝統的な地域内の社会関係から生産者毎に異なる品質の茶が生まれる環境が存在していることを地域住民との関わりの中から発見する。これらを消費者に伝えるために商品に反映させる方法として，地域の生産者毎にパッケージを変えて販売している。結果として，2015年には煎茶が10種類と番茶が2種類の商品が開発され，販売されることになった。こうした一連の活動による資源への働きかけと資源に対して付加された性質を**表11-4**に示す。**表11-2**及び**表11-4**の新たに加わる資源の性質は，調査対象者の資源に対する評価内容とその時期に関する調査より導出した。

表11-4　政所茶レン茶゛ーの資源に対する働きかけと資源の性質の変化

	活動内容	資源への働きかけ	新たに加わる資源の性質
開始前	政所茶が歴史ある茶であることを把握	発見	古い時代から継承
2012年	茶樹の多くが在来種であることを把握	発見/共有	他の地域にはない
	農薬や化学肥料を使用しない伝統的な栽培を把握	発見/共有	古い時代から継承
	政所茶レン茶゛ーの発足	共有	–
2014年	「無農薬・在来種の茶づくり塾」を開始	共有	–
	パンフレット作成により，政所茶の歴史を把握	調査	古い時代から継承
	八日市南高校食品流通班と連携し，茶の生産開始	共有	–
2015年	働き暮らし応援センターと連携し，就労支援開始	共有	–
	茶器デザインを契機に，地域特有の茶樹形を把握	共有/現実化	地域の原風景
	地域の社会関係による生産者毎の品質差を把握	共有/現実化	古い時代から継承

資料：聞き取り調査により筆者作成。

第3節　社会的に形成される地域固有性

２つの対象事例において取り上げられ，資源に付加された地域との関係を地域固有性とし，その要素をまとめたものを**表11-5**に示す。「歴史的な史実を想起させる」性質と「古い時代から継承されてきた」性質は，共に地域の歴史と深い関係があることから歴史性としてまとめている。また，「地域の原風景として想起させる」性質は郷土性，「他の地域にはない」性質を限定性，「地域の人々に親しまれる」性質を親近性とそれぞれをまとめている。次に，２つの事例で獲得される地域固有性の要素を時系列に列挙したものを**図11-3**に示す。両方の事例に共通するプロセスとして，３つのフェーズに分割できると考えられる。どちらの事例においても，資源の活用を始める前から，資源が歴史性を有している点で共通しており，歴史性を起点として開

表11-5　獲得された地域固有性の要素（大和橘，政所茶）

	地域との関係	新たに加わる資源の性質	地域固有性の要素
大和橘	古事記に記された橘の伝説	歴史的な史実を想起させる	歴史性
	万葉集に記された橘の和歌		
	地域の社寺における橘の伝説	古い時代から継承されてきた	
政所茶	伝統的な栽培方法		
	政所茶の歴史		
	地域の社会関係		
	地域特有の茶樹形	地域の原風景として想起させる	郷土性
大和橘	橘寺と平城京を結ぶ橘街道		
	橘の通名ヤマトタチバナ	他の地域にはない	限定性
政所茶	在来種		
大和橘	橘の校章・校歌	地域の人々に親しまれる	親近性

資料：聞き取り調査により筆者作成。

	〈第1フェーズ〉歴史への紐づけ	〈第2フェーズ〉他との差別化	〈第3フェーズ〉性質の多様化
大和橘	歴史性	歴史性 限定性 郷土性	親近性
政所茶	歴史性	歴史性 限定性	歴史性 郷土性

図11-3　地域固有性の獲得プロセス

始されている。このような状態を第1フェーズ「歴史への紐づけ」としてまとめられる。次に，資源を活用しようとする主体は，資源に対して主に調査という形で働きかけを行い，資源と地域との関係性を発見していく。大和橘の事例では，調査を繰り返す度に新たな性質を獲得し，ある段階で橘にヤマトタチバナという地域と関係があり，他の地域とは関係しない名称を発見することができた。また政所茶の事例では，中心となる主体が比較的初期の段階で在来種の存在を発見することができた。第1フェーズで歴史性を有していた資源が，更にその地域にしかない限定性をはじめて獲得する段階を第2フェーズ「他との差別化」とみることができる。その後，さらに特産品開発やオリジナリティのある活動を通じて，親近性や郷土性などのより多様な固有性を獲得している。このような多様な固有性を獲得する段階を第3フェーズ「性質の多様化」とすることができる。結果として，上記の3つのフェーズを通じて，取り上げられた資源が固有性の要素を獲得することで，資源が地域固有性を帯びていくと捉えられた。

第4節　おわりに

本章では，地域固有性として主観的な固有性に着目し，二つの事例を用いて資源が地域の固有なものとしてみられていく過程を分析した。結果として，地域の資源を活用しようとする様々な主体が連携し，活動することによって資源が主観的な固有性を獲得していくことを確認した。それによって，資源が社会的に地域固有性を高めていく姿を示した。最後に，地域で活動する主体における実践面に触れておく。生産者である農家は，自身が生産・保持している資源を主観的な固有性という点において改めて見直すことで，今まで見えていなかった新たな価値を発見できる可能性がある。また，そうした資源に関する情報を他者に提供することや生産量の増加に対して柔軟な協力体制をとることが必要であろう。地域としては，こうした固有性のある農産物が単体の主体で活用されているのではなく，多数の主体が連携しながら活用している点に着目し，地域内の主体が情報交換や新たな関係が生まれる場を設定することが重要であろう。また，地域内にこだわるのではなく，地域内外を問わない主体との連携も重要である。

参考文献

植田和弘（2010）「ルーラル・サステイナビリティ序論」『農村計画学会誌』29巻1号，7-11頁。

國吉賢吾・中塚雅也（2016）「特産品開発における地域固有性の獲得プロセス」『農林業問題研究』52巻3号，111-117頁。

西川芳昭（2006）「地域づくりにおける地域資源の活用」『一村一品運動と開発途上国：日本の地域振興はどう伝えられたか』日本貿易振興機構アジア経済研究所，121-141頁。

第12章
地域・環境に配慮する農家や産地に対する消費者意識

高田　晋史

第1節　はじめに

近年では，人や社会・環境に配慮した消費行動であるエシカル消費（倫理的消費）が注目され，消費者庁により普及・啓発が進められている。また，食の健康志向や安全志向の高まりを背景に，有機やオーガニックをうたう食品の市場が拡大している(1)。このことから，環境保全型の農業，地域の固有種の利用や伝統的な農法，さらには野生動物との共生など，地域の社会や環境の保全・発展に資する農家や産地を支持するような消費者意向が今後，さらに高まると考えられる。本章では，このような取り組みをおこなう農家や産地を「地域・環境に配慮する農家や産地」と呼ぶ。その一方で，農家や産地の視点から見ると，地域・環境に配慮する農業は，農産物の付加価値化につながるが，コスト増大に見合う収益性の確保が一般市場において容易でないことが課題となっている。例えば，地域に根付いてきたタネや資材の積極的活用は，特産品の開発資源や地域の食文化の維持・継承につながるが，形の揃いが悪く収量が少ないなど，生産においては非効率だとされている。このことから，作業効率がよい上に病気に強く，かつ形の揃いが良いF_1種が急速に普及していき，地域で受け継がれてきた農法や農産物の消失が懸念されている。また，野生鳥獣による農作物への被害も深刻化しており，獣害対策コストが農業収益を圧迫しているとの報告もあるなど，野生鳥獣との共生は農家にとっては難しいテーマである[2]。

しかしながら，昨今のエシカル消費や健康志向への注目の高まりなどを踏まえると，地域・環境に配慮する農業は，農家や産地を積極的に支持する消費者や，忠誠度の高い消費者の獲得につながるのではないかと考える。地域・環境に配慮する農家や産地が，忠誠度の高い“コアな消費者”を獲得することができれば，これらの消費者は安定的に農産物を購入するだけでなく，農家や産地を積極的に支援するかもしれない。もっといえば，その消費者の一部が，地域・環境に配慮する農家や産地の取り組みを広めたり，擁護したりする可能性があるならば，地域・環境に配慮する農業は，農家や産地にとって生産コストはかかるが，マーケティングコストを節約できる可能性がある。

以上のことを踏まえ，本章では以下の構成にもとづき，地域・環境に配慮する農家や産地の経済的メリットについて考察する。まず，第2節では地域・環境に配慮する農家や産地の経済的メリットについて考察した研究の整理をおこない，第3節では，消費者意識を分析する際に活用する概念である顧客ロイヤルティに関する研究の整理をおこなう。そして，第4節では，都市部の一般消費者に対して実施した質問票調査の結果を基に，地域・環境に配慮する農家や産地は，顧客ロイヤルティの観点からどのような消費者を獲得できるかや，顧客ロイヤルティの類型化からその戦略的含意を考察する。

第2節　農家や産地への経済的メリットに関する議論

地域・環境に配慮する農家や産地に経済的メリットはあるのか。これについて，様々な視点から研究がされてきた。これらの研究を俯瞰的にみると，当初は農家や産地にとって経済的メリットを得ることの難しさを指摘する研究が多かったが，最近では農家や産地への経済的メリットがあることを示唆する研究が増えている。これらの研究は，消費者視点から分析したもの（消費者評価）と，生産者視点から分析したもの（農業経営分析）の2つに分けることができる。

まず，消費者評価に基づく研究について，柘植（2006），田中他（2017）の研究によると，消費者は慣行栽培による農産物と比べて，地域・環境に配慮する農産物を高く購入する意思のあることが明らかになっている。また，購入意思を示した消費者の大半が，高く設定した価格に納得して購入していることも明らかになっている。さらに，購入意思を持っている消費者の多くが，地域・環境に配慮する農家や産地の取り組みを支援したいという思いをもって購入していることも明らかになっている。これについては，農林水産省が実施した調査でも同様の結果が得られており，地域・環境に配慮する農産物を購入したいと考えている消費者の８割近くが，農家を支援したいという意向を持っていた[(3)]。こうした指摘がある一方で，合崎（2005）の研究では，地域・環境に配慮する農業の継続に必要な最低価格より高く評価する消費者は，限定的であるということも示唆されており，地域・環境に配慮する農産物を適正価格で販売することは容易ではないことがわかる。

次に，農家経営分析に基づく研究について，胡（2007），井上他（2014），桑原他（2016）は，地域・環境に配慮する農業は慣行栽培より所得や収益面で明確な優位性があることを明らかにしている[(4)]。その一方で，このような地域・環境に配慮する農業の収益性は，消費者との顔の見える関係を構築することで実現されていること，技術格差などが要因となり農家間の収益格差が大きいこと，収益の不安定性や不確実性がその拡大と定着を阻んでいることが指摘されている。また，白井（2010）によると，地域・環境に配慮する農業は，慣行栽培と比べて，労力やコストが増大することが指摘されている。そして，こうした生産コストの増大を反映した価格で消費者に販売できるかが重要であることが示されている。

以上のことから，まず，消費者の視点からみると，地域・環境に配慮する農産物は，消費者から高く評価される傾向にあるといえる。また，購入意向を持つ消費者の多くが，地域・環境に配慮する農産物を購入することで農家や産地を支援したいと感じている。このことは，地域・環境に配慮する農家や産地が“コアな消費者”を獲得し，一部の消費者からは積極的に支持される可能性があることを示唆している。

次に，生産者の視点からみると，地域・環境に配慮する農業は，農産物を生産コストにみあう適正価格で販売ができれば経済的メリットを獲得することができる。しかしながら，適正価格で販売するためには，消費者と顔の見える関係を構築する必要があり，高度なマーケティング能力が求められる。同時に，地域・環境に配慮する農業により経済的メリットを得るためには，高い農業技術も求められる。これらのことを踏まえると，農家や産地が経済的メリットを得るのは，容易ではないといえる。

第３節　顧客ロイヤルティの構造と特徴

本節では，地域・環境に配慮する農家や産地には，高価格でも安定的に購入するなど，農家や産地の取り組みを積極的にサポートする“コアな消費者”があつまるのではないかという問いを考察するために，消費者の満足度より高い忠誠心を測る概念である顧客ロイヤルティを用いて分析する。

顧客ロイヤルティの概念は多様である。顧客ロイヤルティは，一般的に特定の商品やブランドを長期間にわたって購入する消費者の忠誠心ということができ，反復購買行動など消費者の行動的側面と，信頼や愛着などの心理的側面から構成される(5)。

Dick and Basu（1994）は，顧客ロイヤルティを消費者の行動的側面と心理的側面の２つの軸を基礎に考察し，顧客ロイヤルティを“真のロイヤルティ”“見せかけのロイヤルティ”“潜在的ロイヤルティ”“ロイヤルティなし”の４つに分類した。具体的には，行動的側面と心理的側面がともに強い場合を“真のロイヤルティ”，行動的側面が強く心理的側面が弱い場合を“見せかけのロイヤルティ”，行動的側面が弱く心理的側面が強い場合を“潜在的ロイヤルティ”，双方とも低い場合を“ロイヤルティなし”とした。“見せかけのロイヤルティ”は，その商品以外の選択肢がない，あるいはそれを考えるのが億劫な結果，反復購買行動につながっているタイプであり，ロイヤルティの持続性に欠けるという特徴がある。一方，“潜在的ロイヤルティ”は，その商品に興味をもっているが現在が購入していないタイプであり，将来的には真のロイヤルティへと変化する可能性がある。また，消費者のロイヤルティがさらに高まると，他の商品に乗り換えない，商品に対する否定的な言動に対して反論する，他人への口コミといった行動をとるようになるとされ，これを“ロイヤルティに導かれた行動”とした。

Christopher et al.（1991）はロイヤルティの階層性を指摘し，消費者は，“見込み客”“顧客”“得意客”“サポーター”“代弁者”へと進化する可能性を指摘した。具体的には，“顧客”が反復購買行動をおこなうようになると“得意客”になり，そこから商品やブランドなどに愛着を示すと“サポーター”となり，それがさらに発展すると他者への推奨行動などをおこなう“代弁者”となる可能性を指摘している。

顧客ロイヤルティが高い消費者を獲得する利点として，Day（1999）は，①顧客を維持するためのコストがかからないこと，②顧客ロイヤルティが高い消費者は時がたつにつれてさらに購入する傾向があること，③顧客ロイヤルティが高い消費者は価格に対してあまり敏感でなくプレミアムを支払う傾向にあること，④顧客ロイヤルティの高い消費者は最終的に有望な潜在顧客になりそうな他の買い手に購入を勧めてくれることを挙げている。このことから，顧客ロイヤルティの高い消費者の獲得は，長期的に見て経営の安定をもたらすと考えられる。

第4節　農家や産地に対する消費者意識

1）一般消費者の顧客ロイヤルティ

地域と自然に配慮する農家や産地に対する顧客ロイヤルティを考察するため，2017年8月に神戸市内の一般的なスーパーマーケットの店頭で，利用客に対して質問票調査をおこなった。調査は対面式で実施し，調査対象者にはあらかじめ調査の趣旨や調査票の概要の説明をおこなった。その結果，191部の有効回答を得た。調査票では，①個人属性（年代，性別，世帯構成，世帯収入），②農家名と産地名のどちらを重視するか，③農産物を購入する際に重視すること（価格，味，鮮度，産地，健康への影響），④地域貢献意思，⑤生活習慣（健康的生活の有無，自然の動植物への親近性），⑥顧客ロイヤルティ（反復購買行動，親近感，安心感，他人への推奨意思，他の商品への乗り換え意思，否定的意見に対し反論をおこなうか）について尋ねた。個人属性は単項選択，農産物を購入する際に重視することは多項選択とし，それ以外は５段階評価で尋ねた。

調査対象者の概要をみると，性別については男性30人，女性154人，年代については30歳代以下が33人，40歳代が39人，50歳代が34人，60歳代が44人，70歳代が33人，80歳代以上が18人である。世帯構成については，単身世帯と夫婦のみの世帯で構成される１世代世帯は85人，それ以外の多世代世帯は106人なっている。世帯収入については，600万円未満が135人，600万円以上が56人となっている。なお，女性が全体の８割以上を占めているが，一般的に食材を購入する大半が女性であることから，一般的な消費者志向を分析する上で問題がないと考えられる。

調査結果をみると，農産物を購入する際，農家名と産地名のどちらの情報を優先するかという設問に対して，調査対象者の８割以上が産地と答えている。このことから，消費者の多くが地域・環境に配慮する農業をおこなう産地を評価する傾向にあり，消費者は農家より産地対してロイヤルティを感じる傾向にあることが分かった。次に，顧客ロイヤルティについてみると，反復購買行動については，全体（n＝187）の60.4％が地域・環境に配慮する農産物を普段から意識的に購入していると回答している。また，親近感については，全体（n＝191）の80.6％が地域・環境に配慮する農産物に親しみを感じると回答し，安心感については，全体（n＝191）の90.6％が地域・環境に配慮する農家や産地の農産物だと安心して食べることができると回答している。さらに，“ロイヤルティに導かれた行動”をみると，他人への推奨意思については，全体（n＝191）の57.1％が地域・環境に配慮する農産物を他人に勧めたいと回答している。他の商品への乗り換え意思については，全体（n＝191）の31.5％が店頭にない場合も他の商品を購入せず別の機会に購入すると回答している。否定的意見に対し反論をおこなうかについては，全体（n＝191）の23.5％が否定的意見を持つ人にその重要性を話したいと思うと回答している。

2）顧客ロイヤルティの類型と戦略的含意

表12-1は今回の調査結果にもとづき，地域・環境に配慮する農家や産地に対する顧客ロイヤルティの類型を示したものである。分類にあたって，心理的側面については，親近感と安心感に関する５段階評価の回答を加重平均し，１～３を心理的側面「無」，４～５を心理的側面「有」とした。また，行動的側面も同様に反復購買行動に関する５段階評価の回答から，１～３を行動的側面「無」，４～５を行動的側面「有」とした[(6)]。

これによると，調査対象者の半数以上が“真のロイヤルティ”に属することがわかる。このことからも，地域・環境に配慮する農家や産地は，“コアな消費者”を獲得する可能性があることがうかがえる。また，反復購買行動はおこしてなくとも，地域・環境に配慮する農産物に対して親近感や安心感を持つ消費者は，反復購買行動をしていない消費者のうちの７割を占めている。このように，“潜在的ロイヤルティ”タイプの消費者が多いことは，今後こうしたマーケットがさらに拡大していく可能性を示しており，“真のロ

表12-1　地域・環境に配慮する農家や産地に対する顧客ロイヤルティの類型

		心理的側面	
		有	無
行動的側面	有	99人 (52.9%)	14人 (7.5%)
	無	52人 (27.8%)	22人 (11.8%)

資料：調査結果にもとづき作成。

表12-2　消費者属性，消費者意識，生活習慣と顧客ロイヤルティの関係性

		標準化直接効果（標準化パス係数）		
		安心感	親近感	反復購買行動
属性	女性	0.130	NR	NR
	60歳以上	NR	NR	-0.151
	1世代世帯，年収600万円以上	NR	NR	NR
意識	価格	-0.244	NR	-0.189
	味	NR	NR	NR
	鮮度	NR	NR	NR
	産地	NR	NR	NR
	健康への影響	NR	NR	NR
	地域貢献意思	0.320	0.516	0.332
生活習慣	健康的な生活	NR	NR	0.106
	自然との親近性	NR	NR	0.288

資料：筆者作成。
注：「NR」はパス係数に関する帰無仮説が10%水準で棄却されず，パスが削除（パス係数＝0）されたことを示す。

イヤルティ”への移行が進めば，地域・環境に配慮する農家や産地は“コアな消費者”をより獲得していくことになるであろうといえる。

表12-2は，過去の研究を参考に設定した顧客ロイヤルティの構造モデルをパス解析により推定した結果から，消費者の属性や意識，生活習慣と顧客ロイヤルティの関係性を示したものである(7)。まず，消費者属性をみると，女性は地域・環境に配慮した農産物に安心感をもつ傾向にある。また，60歳以上の消費者は反復購買行動をとらない傾向がみられる。次に，消費者意識をみると，価格を気にしない消費者ほど地域・環境に配慮した農産物に安心感をもったり，反復購買行動をとったりする傾向にある。また，地域貢献意思が高い消費者は，安心感や親近感をもったり，反復購買行動をしたりする傾向にある。さらに，消費者の生活習慣をみると，健康的な生活を送っている消費者や，自然との親近性がある消費者は，反復購買行動をする傾向にある。

以上のことから，“潜在的ロイヤルティ”から“真のロイヤルティ”タイプへ移行させるためには，消費者の地域貢献意思の向上や健康的やライフスタイルの確立，自然との親近性向上を促すことが必要であるといえる。同様に，“見せかけのロイヤルティ”から“真のロイヤルティ”タイプへ移行させるためには，地域貢献意思の向上を促すことが重要であるといえる。これらのことから，農家や産地は消費者との交流や情報発信を戦略的におこなうなどして，消費者の地域貢献意思や自然との親近性の維持・向上，健康的なライフスタイルの確立を促進することが必要であるといえる。

第5節　おわりに

本章では，地域・環境に配慮する農家や産地への消費者意識を明らかにするために，顧客ロイヤルティという指標を用いて分析し，地域・環境に配慮する農家や産地は，経済的メリットを得られるのかということについて考察した。その結果，地域・環境に配慮する農産物を普段から購入している消費者の多くは，“真のロイヤルティ”タイプであり，その一部は他人へ推奨意思や否定的意見に対して反論する意思をもっていたり，他商品への乗り換えをしないという意思をもっていたりするなど，忠誠心が非常に高い消費者であることが示唆された。つまり，地域・環境に配慮する農産物を購入する消費者の一部は，自主的にマーケティングをおこなってくれるということが分かった。このことは，農家や産地にとって，マーケティングコストを抑えることにつながる。また，普段から地域・環境に配慮する農産物を購入している消費者は，価格をあまり気にしない傾向があり，農家や産地が生産者と顔の見える関係を構築することで，付加価値化できる可能性を示唆している。以上のことから，地域・環境に配慮する農家や産地は，顧客ロイヤルティが高く積極的に農家や産地を支援する“コアな消費者”を獲得する可能性ができ，このことは長期的にみると経営の安定につながると考えられる。

また，“潜在的ロイヤルティ”や“見せかけのロイヤルティ”タイプの消費者を，忠誠心が高い“真のロイヤルティ”タイプに移行させるためには，消費者の地域貢献意思や自然との親近性の向上，健康的なライフスタイルの確立を促進することが必要であった。このことから，地域・環境に配慮する農家や産地がターゲットにするべきなのは，地域貢献意思や自然との親近性，健康への意識が高い消費者であるといえ，“コアな消費者”を獲得するためには，こうした消費者層への積極的な働きかけが求められる。

注

(１)日本経済新聞「広がるオーガニック市場『第３段階』担い手は女性」2017年６月16日付電子版，日本政策金融公庫（2017）「食の志向は『健康』がさらに上昇」『アグリ・フードサポート』夏号を参照。

(２)桑原（2012），農林水産省（2016）「鳥獣被害の現状と対策」を参照。

(３)農林水産省（2005）「農産物の生産における環境保全に関する意識・意向調査」を参照。

(４)しかし，井上ら（2014）や桑原ら（2016）の研究は，栽培や販売にかかるコストを詳細に分析しておらず，実際に農家や産地がどれ程の経済的メリットを得るのかは明らかではない。

(５)青木（2004）を参照。

(６)親近感と安心感の設問は，１：全く思わない，２：あまり思わない，３：どちらとも言えない，４：ややそう思う，５：強くそう思う，反復購買行動の設問は，１：全く意識せず購入，２：あまり意識せず購入，３：どちらとも言えない，４：やや意識して購入，５：非常に意識して購入の５段階評価により尋ねた。

(７)パス解析は次のようにおこなった。まず，顧客ロイヤルティの心理的側面が行動的側面をもたらすという仮説にもとづき，「安心感」と「親近感」から各１本ずつ「反復購買行動」へ設定した。次に，心理的側面と行動的側面は消費者属性や意識，生活習慣の影響を受けるという仮説にもとづき，消費者属性（「年齢」，「性別」，「世帯構成＋年収」），消費者意識（「価格」，「味」，「鮮度」，「産地」，「健康への影響」，「地域貢献意思」），生活習慣（「健康的な生活」，「自然との親近性」）の計11の観測変数から「安心感」，「親近感」，「反復購買行動」へ，各３本ずつ計18本のパスを設定した。さらに，顧客ロイヤルティは結果として，“ロイヤルティに導かれる行動”につながるという仮説から，「安心感」，「親近感」，「反復購買行動」から“ロイヤルティに導かれる行動”の「他人への推奨」，「乗り換えない」，「否定的意見への反論」へ，各３本ずつ計９本のパスを設定した。こうした仮説構造モデルを初期点としてパス解析をおこない，有意水準確率10％と定めてパスに関する帰無仮説が棄却されない仮説パスをt値の小さい順に１本ずつ削除した。その結果，29本のパスが削除された。

参考文献

Christopher, Payne, Ballantyne (1991), *Relationship Marketing: Creating Stakeholder Value*, Routledge.

Day (1999), *The Market Driven Organization: Understanding, Attracting, and Keeping Valuable Customers*, Free Press.（徳永豊・篠原敏彦・井上崇通訳『市場駆動型の組織：市場から考える戦略と組織の再構築』同友館，2005年。）

Dick and Basu (1994), Customer Loyalty: Toward an Integrated Conceptual Framework, *Journal of the Academy of Marketing Science*, 22, pp.99-113.

合崎英男（2005）「選択実験による生態系保全米の商品価値の評価」『農業情報研究』第14巻第2号，85-96頁。

青木幸弘（2004）「製品関与とブランド・コミットメント：構成概念の再検討と課題整理」『マーケティング・ジャーナル』第23巻第4号，25-51頁。

井上憲一・竹山孝治・藤栄剛・八木洋憲（2014）「集落営農組織における環境保全型農法導入の規定要因」『食農資源経済論集』第65巻第2号，1-11頁。

桑原考史・加藤恵里（2012）「獣害対策コスト分析に基づく支援制度の考察：集落法人経営におけるイノシシ対策としてのワイヤーメッシュ柵設置を事例に」『農業経営研究』第50巻第2号，49-54頁。

桑原考史・植木美希（2016）「環境保全型農業と経営規模の関係：新潟県佐渡市における経営体の分析」『農業経済研究』第87巻第4号，353-358頁。

白井康裕（2010）「先進経営の取り組みから見た水稲有機農業の展開条件」『フロンティア農業経済研究』第15巻第2号，51-62頁。

田中淳志・大石卓史（2017）「生物多様性ブランド農産物の販売状況と今後の展望：生きものマーク農産物を中心に」『農村計画学会誌』第35巻第4号，492-495頁。

柘植隆宏（2006）「環境保全型農業による農産物に対する支払意思額の推計」『經濟學論叢』第57巻第4号，941-958頁。

胡柏（2007）『環境保全型農業の成立条件』農林統計協会。

第3部

地域固有性を育む地域づくり
―多様な主体の連携―

第13章 大学発の地域産品開発とネットワーク
―立命館大学“京北プロジェクト”を事例として―

髙嶋　正晴

第1節　はじめに

地域発展の主体が，地域発展をねらいとして，地域の内外いずれであれ，ネットワークや連携をどのように考えるか，またどのアクターと連携してネットワーク化するかが，地域発展を左右する大きな要因である。本章では，地域発展を狙いとするさまざまな地域プロジェクトがある中で，大学がアクターとしてかかわってきた地域プロジェクトに焦点を当てる。そして，とくに大学内外の多様な主体によるネットワーク形成の観点から，地域発展や地域固有性に大学がプロジェクトに関わる意義について，筆者も一部関わった(1)プロジェクトである「京北プロジェクト」をケースに検討し，考察する。具体的には，京北プロジェクトを2011年の「りつまめ納豆」の開発・販売をピークとする「りつまめ納豆プロジェクト」の時期（京北プロジェクトⅠ期），それ以後から現在までの「京北マルシェ・プロジェクト」や「食の里親プロジェクト」を展開する時期（京北プロジェクトⅡ期）とに分けて，そのネットワークについて検討，考察する。そして最後に，本書のテーマに関わって本事例の多様なネットワークについて地域固有性，地域発展の可能性から考察を加える。地域発展の背景としては，いずれの時期もその初期から発展期，すなわち，1から10に育てていく時期に当たる。ネットワーク的にいえば，そういったプロジェクトの成長期においてネットワークがはたしうる役割についても考察したい。

第２節　Ⅰ期：はじまりから「りつまめ」まで

本章で扱う立命館大学の“りつまめ納豆”プロジェクトは，京都市右京区の京北地域をフィールドにその地域活性化をねらいとして展開している京北プロジェクトのうちの１つのプロジェクトであり，2011年秋に発売となった「りつまめ」納豆の製造・販売・流通までの一連の流れを手がかりに，大学や地域だけでなく，納豆の老舗メーカーや京北プロジェクトに関わっていたNPOも加わった，いわゆる〈産学民地〉の多様なアクターによる連携体制のもとに，同大学産業社会学部がアクティヴ・ラーニング（体験学習）型教学プログラムとして出発したものである。納豆メーカーや京北のローカルNPOら多様なアクターとのネットワーク化とそれを活かしてのプロジェクトの推進を通じて，教学的側面のみならず，ビジネス（地域発展）的側面，そして地域固有性の側面をも発展させてきた。それをピークとするⅠ期のネットワーク化を具体的に見ていきたい。その前に京北プロジェクトについて概括しておこう。

1）京北プロジェクトとは

立命館大学産業社会学部の2007年度カリキュラム改革を契機に，京北プロジェクト（以下，京北Pと略記する）は，農村社会学系の教員のゼミの一環としての活動だったものを学部教学プログラムとして仕立て直して本格化した。京北地域は，京都市右京区の北部にある人口5,000人程度の農山村地域で，もともとは京北町という自治体で2005年に京都市に編入された。北山杉の産地として知られる林業と，京野菜の生産地として知られる農業とを主産業とする。京北Pは，京北地域で様々な活動をしてきた京都市の環境系NPOである「フロンティア協会」の協力を得て，同NPOによる農作業支援から森林保全の植栽にいたるまでの諸活動に学生たちが参加し，実際の作業を体験し，

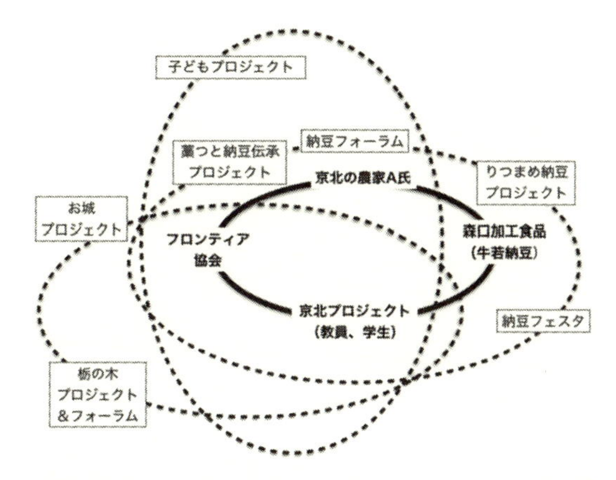

図13-1　Ⅰ期のコア的アクターとネットワーク，および諸プロジェクト（筆者作成）

農山村のさまざまを学ぶという教学プログラムとして始まった。そして，詳細はあとに触れるようにそのサブプログラムの1つであった，2011年秋の「りつまめ納豆」を開発・販売促進するりつまめ納豆プロジェクトで，京北プロジェクトは，その活動およびネットワーク化の1つのピークを迎える。これがⅠ期であり，京北マルシェが始まる前のおよそ2012年頃までとしている。

Ⅰ期のネットワークは（Ⅱ期もそうであるが），**図13-1**に見るように多種多様なアクターの出会いやつながりがさまざまなイベントやサブプログラムを通じて生まれたが，京北プロジェクト，NPOのフロンティア協会，京北農家A氏，納豆メーカーの森口加工食品の4者間で，コア的なネットワークとでもいうべきものが形成され，のちに「りつまめ」納豆の開発への機運を増していく。本章でいうコア的ネットワーク（**図13-1**，**図13-2**で太字実線）とは，複数のサブプロジェクトに関わっているアクター間のネットワークのことである。

京北プロジェクトⅠ期は当初からいくつかのサブプロジェクト（**図13-1**，**図13-2**の破線）があり，こうしたサブプロジェクトの運営の中でネットワー

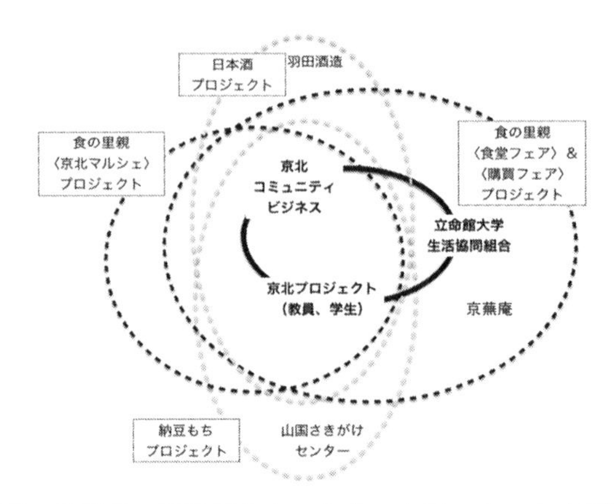

図 13-2　Ⅱ期のコア的アクターとネットワーク，および諸プロジェクト（筆者作成）

ク化が進んだといってよい。ともあれ，当初のサブプロジェクトとしては，後の「りつまめ納豆」開発というスピンオフ的プロジェクトを生み出すことになる「藁つと納豆伝承プロジェクト」（大豆栽培から藁つと納豆作りまでの一連の作業を体験），藁つと納豆作りを京都市内の子どもたちに教えて食育を体験する「子どもプロジェクト」，森林保全と実の経済的活用をねらいに栃の木を1,000本植栽した「栃の木プロジェクト」，昔の中世の山城の宇津城について学ぶことを手がかりにした「お城プロジェクト」，そして大学内で７月10日に実施してきた「納豆フェスタ」（後述）があった。そして，これらサブプログラムに加えて，その年度の各プロジェクトの活動内容・成果を地域の住民に報告する「納豆フォーラム」，「栃の木フォーラム」なども年度末に実施してきた。これら一連のサブプロジェクト，フェスタ，フォーラムの運営を通じて，先の４者はコア的ネットワークを形成し，強めてきた。

京北プロジェクトⅡ期は，Ⅰ期とは若干異なって，産直直売にマーケットを学内に作り出す「食の里親〈京北マルシェ〉プロジェクト」や，生協食堂で京北野菜の提供機会を増やそうという「食の里親〈食堂フェア〉プロジェクト」といった，学内で京北の地産地消の動きを強めていこうとするものが主となってきている。このように方向性が異なるが，Ⅱ期もⅠ期と同様に，コア的ネットワークを育ててきたといえる。すなわち，京北プロジェクトと京北地元のNPOである京北コミュニティビジネス，そして，立命館大学生活協同組合の３者である。他方，本章では十分に取り上げられないが，京北の伝統食である納豆餅を開発・販売する「納豆餅プロジェクト」や，京北地元の造り酒屋と連携しての米作りから学生が関わって日本酒をプロデュースする「日本酒プロジェクト」など，Ⅰ期での納豆の開発・販売を発展的に継承したようなサブプロジェクト（**図13-2**の灰色破線）もあり，地元企業である羽田酒造や山国さきがけセンターと新たにパートナーシップを組んで商品プロデュースしたが，全般的にそのノウハウや経験は生かされているといってよい(2)。

２）りつまめ納豆プロジェクト

りつまめ納豆は，2011年10月に明治創業の納豆製造メーカーの森口加工食品（京都市北区，「牛若納豆」のブランドで商品展開）から発売開始，月に２～３万パックを売り上げている。立命館大学の産業社会学部（京北プロジェクト）の他，上記の森口加工食品，京北プロジェクトのパートナーで京北をフィールドに活動してきたNPOのフロンティア協会，京北の農家A氏，これら４者の連携によりすすめられた。これら４者のつながりは，先に見てきた京北プロジェクトの展開の中でつちかわれてきた。

具体的には，2006年から主に京北で開催されてきた納豆フォーラムを通じて，この４者が出会った。このフォーラムは主としてフロンティア協会の主催として始まったが，2008年の京北プロジェクトの発足後は産業社会学部も共催に名を連ね，同プロジェクトの活動報告とその活動の一環（藁つと納豆伝承プロジェクト）で作った藁つと納豆の試食をおこなってきた。このフォーラムのテーマとしてあったのが，りつまめ納豆のパッケージのコピーともなる「京北を納豆の里に」であった。森口加工食品の社長B氏は，このテーマのもと2007年12月の第２回フォーラムからパネリストとして参加した。

京北で開催されてきた納豆フォーラムの他方で，立命館大学の衣笠キャンパスではこれも2008年から，前節で述べたように，この4者間の連携協力のもと，教学の一環で，京北プロジェクトの参加学生が教員のサポートを得つつ学内外の企画調整をおこなって，7月10日の納豆の日に合わせて納豆フェスタを行ってきた。企画内容は，森口加工食品による納豆の試食，京北プロジェクトの活動紹介，京北地域の紹介，産直，生協食堂での納豆メニューの実施，などであった。これによって，都市部の大学が情報発信や消費を通じて農山村地域を支える拠点となりうる可能性を示そうとした。また，京北農家のA氏と産業社会学部が行っていた藁つと納豆伝承プロジェクトへの見学参加や森口加工食品の工場見学を通じて各アクターは交流を深めてきた。

こうして，**図13-1**に示したⅠ期のネットワークのコア的ネットワークが形成され，それを通じて諸サブプロジェクトが運営され，アクター間のつながりが深まり，納豆の商品化の機運が高まってきた。そして，りつまめ納豆（**写真13-1**，**写真13-2**）は，2011年の春から夏にかけて4者間で集中的に打ち合わせを行って商品開発を行い，同年秋に発売の運びとなった。商品のPRコピーは，**写真13-1**のパッケージ写真上部に見るように，納豆フォーラムのテーマを踏襲して「京北は，納豆のふるさと。」となり，京北地域が納豆の発祥の地であることを消費者に明快に伝えるものとなっている。そうしたブランディングだけでなく，**写真13-2**に見るように，CSR（企業の社会

写真 13-1　りつまめ表面
（筆者撮影）

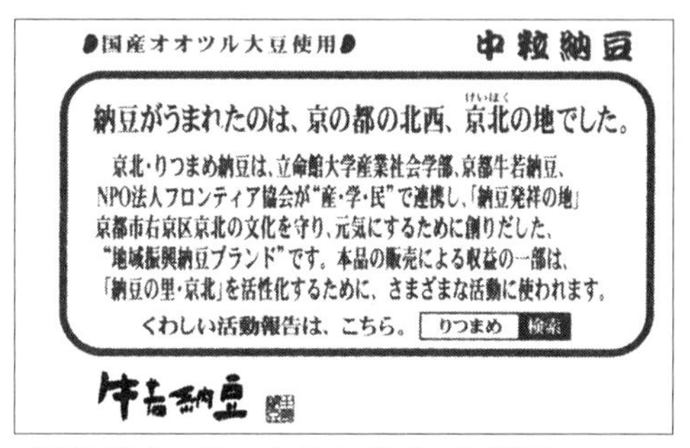

写真 13-2　りつまめ3個パック側面
（筆者撮影）

的責任）的発想から売上の一部を基金として積み立て，それを納豆の発祥の地である京北地域の振興に用いるものとしてさらなるブランディングをも試みた。コア的ネットワークの4者で共有していたのは，この納豆を手がかりに，産業面の力不足といった農山村の典型的な課題を持つこの地域の発展を呼び込みたい，しかし闇雲な発展ではなく，京北地域が名実ともに納豆の里にふさわしく，大豆生産者が増えてほしいという思いであった。

その発売後に，プロジェクト参加学生は，京都市内各所のデパートやスーパーマーケットでの販促や，商社・生活協同組合などによる食品展示会への参加など，主に流通面での取り組みを行って一段落をみた。そして，京北プロジェクトは，Ⅱ期のプロジェクト，すなわち，京北マルシェを含めた「食の里親プロジェクト」などに注力することになる。

3）納豆フェスタ（2008-2012年）

納豆業界において7月10日を「納豆の日」としていることにならって，この日に産業社会学部のある衣笠キャンパス内で，京北が納豆の発祥の地であることをPRする「納豆フェスタ」を開催してきた。Ⅰ期のプロジェクトにとっては，運営面で4者間の連携協働がなされ，コア的ネットワークを強める場としても機能した。多様なアクター間のネットワーク形成の観点からすると，このフェスタはフェスタ自体が終わってしまったものの，その開催は大きな意義をもったといえる。実のところ，納豆フェスタは，担当教員にとっては，大学という場を都市農山村交流の拠点にする意図があった。すなわち，大学側がフィールドとしての京北に出向くだけでなく，京北および京北プロジェクトの情報発信や，多様な人や組織をつなぐ場として大学を位置づけるということであり，足元の大学内（産業社会学部内，他学部），大学生協，大学近隣の都市住民，京都市右京区の他地域の住民とのネットワーク形成の機会であった。

なお，この納豆フェスタが，とくにⅡ期において重要になる大学生協とのネットワーク形成の端緒となった。というのも，納豆フェスタの開催に合わせて前後の数日，大学生協の食堂では「納豆パスタ」など納豆を使ったメニューの展開が行われ，また大学生協の購買部では「納豆もち」などの納豆を使った京北地域の特産品を並べることとなったからである。これを契機に，京北プロジェクトと大学生協とのつながりが作られたのであり，このつながりをきっかけに，京北地域の旬の野菜や食材を使ったメニューを展開する「食の里親プロジェクト」，とくに〈食堂フェア〉，〈購買フェア〉へと展開していった。

第3節　Ⅱ期：食の里親プロジェクトを中心に

Ⅱ期のコア的ネットワークを形成するプロジェクトとして，食の里親プロジェクトを取り上げる（**図13-2**を参照）。このプロジェクトは大まかには3つのサブプロジェクトからなり，すなわち，〈京北マルシェ〉，〈食堂フェア〉，〈購買フェア〉である。これらサブプロジェクトの運営を支えるコア的ネットワークは，京北プロジェクトと京北地元のNPOである京北コミュニティビジネス，それと立命館大学生活協同組合からなる。3者は問題意識として，立命館大学衣笠キャンパスの京北野菜の提供や食育の改善の点で一致している。現在では，主として，担当教員の景井充教授のゼミナールをベースとする運営になり，このプロジェクトの他にも，「りつまめ」納豆に次ぐ京北食文化の商品化第2弾としての納豆もちの商品化（「京北・杣人の里　納豆もち」として2016年発売），100％京北産にこだわった日本酒の商品化（「和祝切符」，「一陽来福」），京北での「ルーラル・イノヴェーション・ラボ」の開設，細野地区の廃園となった保育所や廃校となった小学校の再活用などの活動を展開中である。

1）食の里親〈京北マルシェ〉プロジェクト（2013～）

京北マルシェは，衣笠キャンパス内で京北産の旬の野菜や加工品を販売する産直活動である。2013年5月頃から始まり，現在は学期中週2回の開催となっている。学内の産直市場だけではなく，京北で地場産の旬の野菜や果樹などを集荷したりなど，このマルシェを切り盛りするのは，京北地域の地域活性化に取り組むNPOの「京北コミュニティビジネス」であり，京北プロジェクトと連携して活動を行っている。京北プロジェクト参加学生にとっては，マルシェの運営をマンパワー面でも企画面でも支援しながら（そして支援されながら），大学生を対象とした食育をも念頭に置いて現代の食糧事情，農産物販売の現場を体験的に学ぶというアクティヴ・ラーニングの場となっている。

また，このプロジェクトにおいて，ネットワーク形成の観点から重要な点は，NPO京北コミュニティビジネスの果たしている役割である。この地元NPOをハブとして京北地域の農家やその他加工品の生産者らと京北プロジェクトとのつながりが形成されてきた。マルシェでの販売は小規模ながら販路開拓・確保や新商品の試作品販売を可能とし，京北コミュニティビジネスが地域でのネットワークを広げる一助となり，ひいては地域発展の１つの手がかり，見通しを切り開いてきたように思われる。

そして，京北コミュニティビジネスのこのプロジェクトでの野菜などの販売の存在感は，京北プロジェクトを媒介としつつ，次に触れる同NPOと大学生協とのつながりを深め，その連携を基礎とした「食の里親〈食堂フェア〉プロジェクト」へとつながっていく。

2）食の里親〈食堂フェア〉プロジェクト

食の里親〈食堂フェア〉プロジェクトは，大学生協の食堂で「京北フェア」として，各学期２週間程度の期間限定ながら，京北産の旬の野菜や食材を用いたメニューが提供される。この取組を通じて，京北産野菜の地産地消的な消費や認知度の向上，衣笠キャンパス学生への食育環境向上を追求するものである。

このプロジェクトは，京北コミュニティビジネス，大学生協（食堂），京北プロジェクトの連携協力で実施されている。提供する野菜・食材は，京北コミュニティビジネスが地域の農家から集荷し，場合によってはカット加工をして食堂に納入する。メニューは同NPO，プロジェクト参加学生，食堂担当者の共同で決められる。また，大学生協側も，単にメニュー提供だけでなく，とりわけ大学生協の学生組合員を代表する学生委員会や学生理事もまたこのプロジェクトに積極的に参加しており，京北コミュニティビジネスが主催する京北地域の視察ツアーやそこでの農家との交流を行ったり，食堂フェアや食育に関する独自アンケートを食堂で実施したりしている。

3）食の里親〈購買フェア〉プロジェクト

このプロジェクトは，先の食堂プロジェクトの姉妹版とも言えるものである。生協の購買部で，そもそもは先述の納豆フェスタの企画の一環で，同フェスタにタイミングを合わせての「納豆あられ」などの京北の特産品の物販に端を発しており，現在では食堂フェアの開催に合わせて年に複数回，行われてきている。これも〈食堂フェア〉プロジェクトとともに京北コミュニティビジネスと大学生協が連携協同して行っている。現在では，そこに京北プロジェクト参加学生も積極的に関与し，大きな役割を果たすようになっているという。『ニューズレター』には，コア的ネットワークのパートナーであるNPO京北コミュニティビジネスを通じて生産者を探して京北野菜を活かした学生企画のパンやケーキなどのスイーツのプロデュース（上のポスターの下段に「スイーツ・フェア」とあり，その一端が窺い知れる），生協での商品管理などを実現したりしたことが報告されている。

第4節　おわりに

りつまめ納豆の開発・販売をピークとするⅠ期，学内での野菜供給の拡大など産直的取り組みをすすめるⅡ期。まず，確認しておきたいのがⅠ期とⅡ期ともに，いずれもが大学を手がかりとした地域と域外，とくに農村部と都市部とのネットワーク形成という点である。その点でまずは，地域発展に関係する地域プロジェクトの今後の１つのあり方として，都市部の大学との連携，ネットワーク化が魅力的な選択肢となってこよう。

Ⅰ期とⅡ期の取り組みは，本来的には大学の教学プログラムであるが，他方ではネットワークのテーマ，狙いが異なる。Ⅰ期の方では，「京北は納豆の発祥の地」が重要なテーマの一つであり，藁つと納豆プロジェクトや納豆フェスタ，納豆フォーラムといった一連のサブプロジェクトの中で繰り返し取り上げられてきたテーマである。Ⅱ期では，京北野菜の提供による学内の野菜事情の改善と食育理解のさらなる向上というテーマが「食の里親」プロジェクト全般に共通する（日本酒プロジェクトにも共通しよう）。これらのテーマは，単にアクターの特質というだけでなく，それを離れてアクターを取り結ぶネットワークのあり方，狙いを規定する非人間的なアクターともなる。

ネットワークの多様化の構造や過程について述べれば，本章での事例は，ネットワークがただ闇雲に横に拡がる多様化のイメージではなく，コアとなる多様なアクターがいくつかのサブプロジェクトを通じて螺旋的にネットワーク化を進め，関係性を深めていく，つながりを太くしてゆくところに特徴がある。１を10にしてゆく成長期のプロジェクトにおいては，本事例が示唆するように，こうしたサブプロジェクトを経てコア的ネットワークを育てていき，アクター間のネットワークを強くしてゆくのも一案であろう。

多様なアクターによるネットワーク化は，地域のあり方にとってどのような意味を持ちうるだろうか。一つは，ネットワークを通じて地域は，本来的には当該の地域の特性などに物理的に規定されつつも，それをこえて社会的にも構成されるということである。したがって地域固有性もまた社会的に，とりわけネットワークによって構成される側面を持ちうる。本章の事例でいえば，端的には，京北地域の農家やNPO京北コミュニティビジネスといった京北地域側のローカルなアクターであり，大学やフロンティア協会，森口加工食品，大学生協は京北地域外に存在するアクターである。こうした地域内外のアクターがネットワークを通じて連携協同して地域発展に関わるとき，内発的／外発的発展というコンセプトの意義と有効性は，ネットワークを前提として再考する必要がある。

今後の地域発展のあり方という点では，ネットワークに関していくつかの戦略的な選択が重要な意味を持つ。地域プロジェクトは，地域単独での発展を目指すだけでなく，どのパートナーとどのようなネットワーク化をめざし，またそれをいかにして進めていくかが論点となろう。本章で取り上げた京北プロジェクトでは，多様なネットワーク化が主として都市と農村との間をつなぐ，複数のサブプロジェクトを通じて，地域固有性に関係する一定のテーマのもとにコア的ネットワークを形成し，関係性を深めていった一つの事例である。

注

(1)筆者の関わりはおもに京北プロジェクト全体の担当教員としてであり，プログラム的にはⅠ期が中心であった。

(2)京北プロジェクトの2017年時点での最新情報としては，『京北プロジェクトニューズレター』がある。本章ではとくに，2017年1月30日発行の創刊号を参考にした。

参考文献

安藤光義・フィリップ・ロウ（2012）『英国農村における新たな知の地平』農林統計出版。

景井充・髙嶋正晴（2011）「『京北プロジェクト』の地域づくりと教育づくり―その意義，到達点，展望―」『立命館産業社会論集』第47巻第1号，315-329頁。http://www.ritsumei.ac.jp/acd/cg/ss/sansharonshu/471pdf/07.pdf

髙嶋正晴（2016）「大学の地域連携プロジェクトにみる多自然地域の魅力づくりとシニア活用―地域（ローカル）共通価値の創出（CSV）とプレミアム世代の活躍に向けて―」（研究調査平成27年度末報告書『人口減少下の多自然地域の魅力づくりの研究　―シニア世代を活用した新たなビジネスの展開―』（研究代表者：三宅康成）ひょうご震災記念21世紀研究機構研究調査本部）

立命館大学産業社会学部京北プロジェクト『京北プロジェクトニューズレター』立命館大学産業社会学部京北プロジェクト，2017年1月30日

第14章 集落における空き家活用とその展開構造

中塚　雅也

第1節　はじめに

空き家の増加は，老朽化による安全や景観上の問題だけでなく，防犯，さらには衰退の進行の象徴として住民心理にも悪影響を及ぼす。このような問題に対して，農村地域では，新たな居住希望者への斡旋や交流拠点，事業・起業の拠点としての活用などが図られてきた。近年では，多くの自治体で空き家仲介の制度や建物改修の補助制度が整えられる一方で，危険建物として除去を促す制度も整いつつある。また，研究上も事例分析をとおした知見の蓄積がすすんでいる。

技術的にも制度的にも整備が進み体系化されつつある空き家の利活用であるが，その解決を望む全ての地域にて同じように進展することはない。実際，支援制度面での違いがない同一市内においても，地域差が存在する。その差を生み出す要因はなにか。それが本章の問いである。そこで近年，空き家の改修が連続的に実施され，移住者が増加する地域を事例としてとりあげることにより，その地域的な展開を支える要素を探索することとした。そのため，関係者への聞き取り調査をおこない，第一に，事例地域における空き家改修の取組を経緯や方法に留意しながら時系列にまとめた。その上で，第二に，それらが，どのようなアクター（主体）の相互作用や連携により展開されたのかについて分析をおこなった。

第２節　対象地区の概要

事例とするのは，兵庫県篠山市福住地区である。篠山市は，兵庫県の中東部に位置し，人口約４万４千人，京阪神の中心部から約１時間半の距離と，比較的交通の便に恵まれた農村地域である。福住地区はその東端に位置する。中心部は，古くは交通の要所として栄え，2012年には，重要伝統的建造物群保存地区（宿場町，農村集落の町並み）にも選定されている。人口は約1,500人で世帯は約600世帯，19の自治会からなる。市の小学校区単位等での地域運営組織「まちづくり協議会」設立の推進施策に応じて，2007年に「福住地区まちづくり協議会」を立ち上げ，単位自治会を超えた地区単位での活動を活発におこなっている。活動は部会を立ててすすめられており，地域振興，生活環境，コミュニティ，健康福祉の各部会の他，「ふくすみ2030プロジェクト」と命名された若手主体の部会が組織されている。2030プロジェクトは，“2030年には人口倍増” をスローガンに，移住定住促進にむけた様々な取組を企画実施している。

なお，この定住促進については，篠山市の重要施策としても位置づけられており，「ふるさと篠山に住もう帰ろう運動」と称し，移住相談窓口の設置，起業支援プログラムの開講，空き家バンク制度の整備，そして，まちづくり協議会単位での定住アドバイザー（非常勤職員）の配置などの具体的な施策を実施している。また，福住地区を含め，市内でも特に人口減少，高齢化がすすむ８地区を定住促進重点地区とし，若者定住のための住宅新築・改築，子育て支援の補助をおこなうなど積極的な支援をおこなっている。

第３節　福住地区の空き家利用の展開と方法

次に，この福住地区における空き家活用の実態をみていく。**表14-1**は，これまでの主な空き家活用のケースを時系列に沿ってまとめたものである

（地域内の関係者が関与しない相対，不動産業者を通した契約も数件あるが，全ては把握できずここでは対象外とした）。

表の最初に記載があるC住宅，F住宅は，把握されている中では，地域住民が空き家の利活用に直接関わる最初のケースである。近隣地区にある廃校利用による子ども体験施設「篠山チルドレンズミュージアム」に勤める若手スタッフの住居を，ミュージアム運営に関わっていたD氏（後の福住まちづくり協議会会長）が，自身の居住地である福住地区内に探したことがその契機である。この住居は，しばらくの間，スタッフの転出，新採用の際に，そのまま家の利用も引き継ぐという，半ば社員住宅のような形で利用されてきた。施設の規模縮小にともない，C住宅は一般の移住者が居住し，F住宅はしばらく当時のスタッフが継続して居住していたが，現在は別の移住者が利用している。

その後，福住地区では，篠山市福住地区伝統的建造物群保存対策調査（2007-2008年度，篠山市教育委員会）が実施される。2009年には，「福住まちなみ選定準備委員会」を発足させ，重要伝統的建造物保存地区選定をめざす活動をすすめていた。なお，このときの委員会の副会長は，当時まちづくり協議会の会長でもあったD氏と，中心集落の一つ「福住下」の自治会長であった後述のA氏であった。

このように景観保全や建物に関心が高まるなか，本格的な空き家改修がおこなわれた最初のケースが2010年7月に供用が開始された「さんば家ひぐち」である。篠山市では，まちづくり協議会の設立促進と関連づけて運用していた，兵庫県の地域活動拠点整備費等に関する助成事業「県民交流広場事業」を活用して改修されたものである。当初，まちづくり協議会では，撤退した旧JA丹波ささやま福住支店を改修利用する案を持っていたが，同時期に発足した地域内の若手グループ「ふくすみ2030プロジェクト」が空き家となっていた民家の改修利用を提案した。2030プロジェクトは，住民ワークショップを開催し，その機能や利用方法を固め，市内で建築設計事務所を営むS氏の協力を得て，改修計画・設計を確定させた。施工は市内の工務店が

表 14-1　福住地区での主な空き家利用

	名称	改修年月	利用形態	利用者	所有者（元の利用）	利用方法	改修協力	行政支援
1	C 住宅※	2001.2	住居	個人（移住）	個人（住居）	賃貸	—	—
2	F 住宅※	2001.2	住居	個人（移住）	個人（住居）	賃貸	—	—
3	さんば家ひぐち	2010.7	地域交流拠点	福住地区まちづくり協議会	個人（住居）	10 年貸借契約	S 設計事務所，市内工務店，2030 プロジェクト，福楽里	兵庫県県民交流広場事業
4	Trattoria al Ragu	2012.5	イタリアンレストラン，住居	個人（移住）	個人（住居）	サブリース，10 年貸借契約	ノオト,S 設計事務所，若匠，一般ボランティア	篠山市空き家活用事業 兵庫県地域の夢推進事業
5	A 住宅	2012.7	住居	個人（移住）	個人（住居）	賃貸	—	—
6	古民家ゲストハウスやなぎ	2012.8	ゲストハウス	個人（移住）	個人（住居）	購入	S 設計事務所，町なみ屋なみ研究所，若匠，一般ボランティア	—
7	SORTE GLASS	2012.9	吹きガラス工房	個人（移住）	福住地区財産管理組合（旧 JA 倉庫）	賃貸	自主改修	—
8	S 住宅	2012.9	住居		個人（住居）	賃貸	—	—
9	エムズシステム	2012.9	音響機器	法人（移住）	福住地区財産管理組合（旧 JA 倉庫）	賃貸	自主改修	—
10	福楽里	2012.9	郷土料理工房	女性グループ（通勤）	福住地区財産管理組合（旧 JA 支店）	賃貸	自主改修	—
11	丹波篠山ジグザグブルワリー	2012.7	地ビール醸造所	個人（住民）	個人（パソコン教室）		自主改修	—
12	福住 わだ家（篠山暮らしお試し住宅）	2013.3	移住体験施設	福住地区田舎暮らし体験住宅運営委員会（まち協）	個人（旧郵便局）	10 年貸借契約	S 設計事務所，市内工務店	兵庫県田舎暮らし推進モデル事業，篠山市空き家活用事業
13	篠山フィールドフラット	2014.1	住居・交流拠点	個人（移住），大学関係者	個人（住居）	購入	S 設計事務所，市内工務店	兵庫県/篠山市空き家活用事業
14	農家民宿 森の風土	2015.8	民宿	個人（住民）	個人（住居）	購入	町なみ屋なみ研究所	文化庁伝建保存修理事業，兵庫県/篠山市空き家活用事業
15	デイサービス やまびこ庵	2015.9	デイサービス	社会福祉法人	個人（住居）	購入	自由改修	—
16	フードショップ小畠	2016.11	和食店	法人（住民）	法人（製造工場）	購入	—	篠山市起業支援
17	SATOYAMA STOVE	2017.5	薪ストーブ	法人（移住）	福住地区財産管理組合（旧 JA 倉庫）	賃貸	自主改修	—

※双方，近隣施設のスタッフが引継ぎ居住してきたが，C 住宅は 2012 年から一般の移住者が居住，F 住宅には当時のスタッフが継続居住していた。

おこなったものの，建物の掃除など，ワークショップに参加したプロジェクトや，郷土料理研究グループ「福楽里（ふらり）」のメンバー，そして地域の子どもたちなどの協力により改修がおこなわれた。

その2年後，2件目の民家改修となったのが，イタリアンレストラン，Trattoria al Ragu（ラグー）である。ラグーの改修は，当時，神戸でカフェを経営したシェフが「篠山暮らし案内所」（一般社団法人ノオトが受託運営）の元スタッフのY氏（ふくすみ2030プロジェクトメンバー，チルドレンズミュージアム元スタッフ）と，建築士のS氏に，店舗物件の紹介を依頼したことから始まる。Y氏が，福住にて「いい人がいたら教えて」と熱心に移住促進活動をおこなっていた当時の「福住下」の自治会長A氏（福住まちなみ選定準備委員会副会長を兼任）に相談したところ，A氏が地域内の不在所有者らとの調整をおこない，対象物件を選定した。その後，Y氏，S氏の調整にてノオトが中間支援として加わり，市内他地区でノオトが先行実施していた事業スキームを適応して改修をおこなった（ノオトについて詳しくは藤本（2012）を参照のこと）。そのスキームは，ノオトが中心となり，民家所有者（家主）と10年間の無償貸借契約をおこなった上で，兵庫県地域の夢再生事業，篠山市空き家活用事業を受け（県負担1/2、市負担1/4，個人負担1/4），改修を実施し，その上で，利用者にサブリースするというものである。また，改修において，施工は，地元工務店が請け負うものの，高度な専門技術を必要でない作業については，若手職人グループ「若匠（じゃくしょう）」の指導のもと，全国からのボランティアの参加を募り，経費削減を図った。なお，全体のコーディネートはノオトのK氏，設計管理はS氏が担当した。

この後，取組に関係していたノオトのスタッフの一人が，福住に移住した（A住宅）。またN住宅は，建築士であるS氏のもとにあった問い合わせを，地元のA氏に繋ぐことにより，福住地域内での物件探索がおこなわれ，移住がまとまっている。

さらに，同年には，地区内で賃貸物件として出ていた空き家の改修がおこなわれた。このケースは，利用者個人が先に購入を決めたものであるが，地元のA氏，建築士のS氏を通じて，建築士や専門家，住民からのなるNPO法人町なみ家なみ研究所，さらには「若匠」が支援する体制がとられ，一般ボランティアの参加も含めたワークショップをとおして改修がおこなわれた。

一方，旧JA福住支店の店舗や倉庫（表中，７，８，10，11）は，JA撤退時に施設を買い受けた福住地区財産管理組合が所有する物件であった。前述のY氏が仲介役を果たしているが，財産管理組合が，基礎的な改修をおこなった上で，内装や設備等を，利用者が自主改装，整備をおこなうという方法をとっている。SORTE GLASSの事業主のS住宅は，A氏の仲介により決定している。

なお，同年，2012年12月に，福住地区は，重要伝統的建造物群保存地区に選定された。

2013年３月に改修された「福住・わだ家」は，兵庫県田舎暮らし推進モデル事業，篠山市空き家活用事業（県負担1/2，市負担1/2）によるものである。福住地区まちづくり協議会のもと，本事業のために設立された委員会「福住地区田舎暮らし体験住宅運営委員会」（A氏が会長）が事業主体となり賃貸契約のもと，改修をおこなうとともに，田舎暮らしの希望者を対象に，１ヶ月単位での賃貸事業をおこなっている。

2014年の篠山フィールドフラットは，篠山市と連携事業を展開する神戸大学の研究者らが中心になって，学生らの滞在型活動拠点として整備されたものである。先述と同じ篠山市空き家活用事業の助成を受けつつ，S設計事務所，市内工務店の設計，施工，そして，地元福住の大工の指導のもと，学生ボランティア等による作業，という分担によって改修をおこなった。

さらにその後，2015年には，地元住民による農家民宿「森の風土」の開設があった。近隣の空き家を購入し，町なみ屋なみ研究所の協力のもと，重要伝統的建造物群保存地区を対象とした文化庁伝建保存修理事業，篠山市空き家活用事業を利用した改修であった。またデイサービス「やまびこ庵」は，地区内にあった社会福祉法人が事業展開したもの，「フードショップ小畠」も地区内でスーパーを営んでいる商店が飲食業への事業展開したものと，地元の人々による改修利用がすすんでいる。

第4節　空き家活用のアクターとネットワーク

1）アクターとしての空き家

以上のような福住地区での空き家改修・活用の取組であるが，10年以上におよぶ関係性の蓄積を資本として，近年，進展してきたものである。以下に，その構造について考察することする。

まず，今回確認されるなかでの最初の動きは，D氏による若者の移住の斡旋である。改修をともなわない小さな取組であるが，外部者の移住という事実が，地域住民の受入れのいわば免疫となり，その後の展開の萌芽となっていたと考えられる。

次に地域に影響を与えた大きな要素は，重要伝統的建造物群保存地区選定にむけた基礎調査や委員会が実施されたことである。この調査に，D氏やA氏が関わることが，後のコーディネーターとしての機能発揮に繋がっていった。実際A氏は，伝建調査をとおして，地域内の不在所有者の状況を知ることになり，鍵を預かるようなケースが増えたと述べている。また，これら直接参加した個人の学習だけでなく調査活動そのものが，地域住民全般の建物，空き家，そして地域づくりに対する意識を，薄く広く向上させたことも推察される。

それらを受けて実現した民家改修が「さんば家ひぐち」であり，まちづくり協議会の活動拠点を，JA支店跡地でなく，空き家となっていた古民家とすることにも繋がったと考えられる。この改修作業を通して参加したのが，その後，福住への移住希望者等と地域の仲介役を担うこととなるY氏，建築士のS氏である。また，2030プロジェクトにとっても，この参画が実質的な初めての事業となり，ここで築かれた関係や経験を起点に，独自の地域づくり活動を展開することになる。また，後に旧JA支店にて工房を持つことになる郷土料理研究グループ「福楽里」のメンバーもこの改修作業に参加していたことを考えると，この民家改修がその次の展開に与えた影響は大きいと考える。

続くラグーの改修は，この蓄積の上にノオト（K氏）が，他地域での先行取組にて培ったノウハウと事業スキームを重ねたことにより，実現したものと理解される。利用が不可能と思われていた民家が再生され，レストランとして営業され，目にみえる形となったことが，地域内の在住民だけでなく，不在の所有者に与えたインパクトは，非常に大きかったという（A氏談）。この改修を通して構築されたのが，後に述べる，地縁ネットワーク，技術者ネットワーク，利用者ネットワークの協力体制（ハブをとおした接合体制）である。また，レストラン営業という利用の性質上，広く内外に周知され，地域内には，古く老朽化が進む建物が改修できるという認識が広がるとともに，地域外には，古民家を改修した店がある福住という古い宿場町があることを広めることになった。これを契機に，のちのゲストハウスやなぎの改修，JA支店跡地の賃貸利用，「福住わだ家」などアクターが異なるケースの改修が展開されていったとみる。また，近年では，「森の風土」，「フードショップ小畠」のケースのように移住者でなく地元関係者が主体的に空き家を活用していくという動きに展開している。

以上のような福住地区の展開をみると，さんば家ひぐちやラグーなど，再生された空き家そのものが，地域づくりの一つのアクターとして機能しているととらえることができる。**図14-1**に模式的に示すように，アクターとしの空き家がその改修プロセスにおいて，新たなアクターを呼び込み，改修により目にみえる形で存在することが，地域住民の意識を変えるとともに，新しいアクターを呼び寄せ，それらが，次の空き家改修をつくりだしている。そしてそうした改修が，また地域住民をアクター化しているのである。

2）3つのネットワーク群

一方，空き家の利活用を支える主要なアクターは，3つのネットワーク群として整理される。第一は，地域リーダーや，福住地区まちづくり協議会，

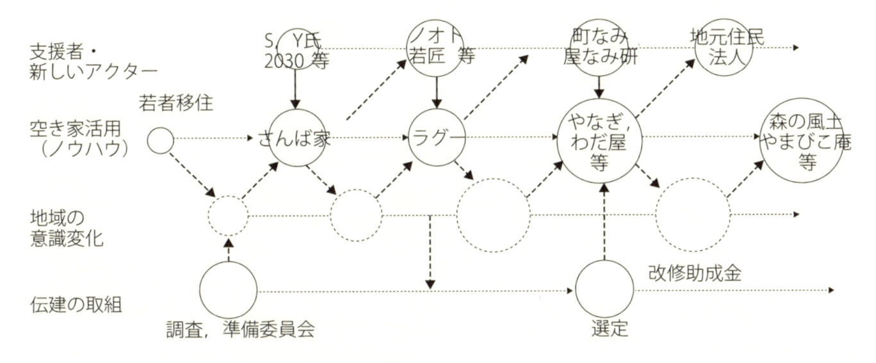

図14-1　空き家を中心とした展開構造

福住地区財産管理組合など関係団体，空き家所有者など，地域内のネットワーク群である。そのハブ（窓口）として，コーディネート機能を担ってきたのはD氏，A氏である。両氏は，改修前の空き家の所有者との調整にとどまらず，移住者の転入後の生活や集落との関係づくりなどの支援など，後見人的な役割も果たしている。第二は，地域に依拠しない，技術者や専門家のネットワークである。ノオトをはじめ，建築士，町なみ屋なみ研究所，地元職人グループの若匠などが含まれる。建築士であるS氏，ノオトのK氏がハブとなっている。さらに，第三のアクターは，利用希望者，移住希望者などの地域の外に開かれた利用者（渉外）のネットワークであり，ハブとなるのはY氏である。**図14-2**はこれらの関係を概念的に示したものである。3つのネットワークの福住という地域を舞台に繋がっていることを示している。

このように福住地区では，地域内，技術者，利用者の3つのネットワーク群と，それぞれのハブとなるコーディネーターが存在する（図中の●印）。そのことにより，いずれのネットワーク群が起点となった案件であっても，各グループが有する資源を，円滑に利用することが可能な体制となっている。例えば，利用者ネットワークの内で，移住の希望があった場合，それが利用者コーディネーターを通して，地域内ネットワークに伝達され，候補物件が調達される。さらに必要に応じて，技術者ネットワークが動員され，改修の支援がなされるのである。また，これらがネットワーク群として存在するこ

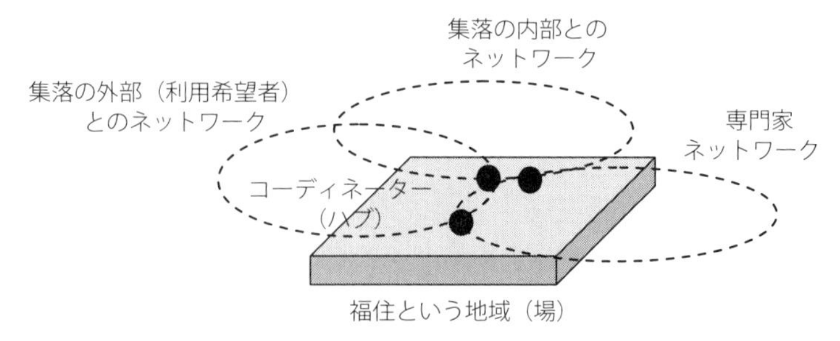

図14-2　空き家改修とネットワーク

とで，個人的な事情や案件に応じたアクターの代替機能や人材育成の機能を果たしていると考えられる。

第５節　おわりに

以上，本章では，福住地区における空き家利活用の展開を支える要素と構造を探ってきた。結果，空き家，家屋の保存，利活用を軸とした一連の学習と実践が，地域内外の多様なアクターを育成，獲得していること，また，再生された空き家そのものを，アクターとしてとらえることによりその構造が理解できること，さらに，地域内，技術者，利用者のアクターがネットワーク群として構築され，それらはハブとなる人物を通して調整されていること，などが展開要素としてあげられた。仮説的ではあるものの，これらの有無が空き家となっている家屋を地域固有の資源として活かせるかどうかの地域差を生み出すと考える。しかしながら，既に近年のノオトの全国的な展開にみられるように，技術者，利用者のネットワークは容易に地域の枠を超える。その意味では，集落内部のネットワーク構築，さらに極言すればハブとなる人材の存在だけが課題となるのかもしれない。地域に潜在している人材に機会を与え，外部との連結を促す「場」の計画的な設計手法の確立が望まれるところである。

参考文献

中塚雅也（2011）「多様な主体の協働による地域社会・農林業の豊かさの創造」『農林業問題研究』第46巻第 4 号，405-415頁。

中塚雅也（2013）「アクターとしての再生民家と地域ネットワーク―兵庫県篠山市福住地区を事例として―」『農村計画学会誌』第32巻第 2 号，113-116頁。

藤本秀一（2012）「空き家の再生・活用を通じた地域運営の事例」『オペレーションズ・リサーチ：経営の科学』第57巻第 3 号，138-143頁。

山崎寿一・池田秀範（2010）「水系・景観に着目した篠山市福住集落の空間構成：篠山市福住地区伝統的建造物群保存対策調査に関連して」『農村計画学会』第28巻第 4 号，426-432頁。

第15章 地域連携による小規模産地の継承

内平　隆之

第1節　はじめに

第3部では，これまでに地域固有の価値を地域連携で新たに発見し，地域連携で発展させていく事例をこれまでみてきた。本章では，すでに地域固有性のある小規模産地として発展の努力が重ねられてきたにもかかわらず消失の危機にある事例を，地域連携で回復させた事例を分析する。

我が国の中山間地域においては，地形が複雑狭小なため，小規模な産地が多い特徴がある。一定の広がりをもった産地形成がされにくいため，野菜流通の広域化・大量化の動向の中では不利な条件となっている。そのため，大規模産地とは違った中山間地域の自然などの地域固有性を活かし，特色ある小規模産地づくりの努力を重ねてきた。このような努力を重ねる一方で，小規模産地では兼業で主たる生計をたてている零細農家や自給農家が多く，後継者への事業承継を想定して産地づくりをすすめてきた訳ではない。さらには，跡取りとなるべき子息等を地域外へ出してしまい，農業を営むことを要請していない。そのため，せっかくの地域固有性のある小規模産地も喪失の危機にある。しかしながら，後継者問題などから，停滞期・衰退期を迎えて久しく，このような地域固有性がある生業を如何に再回復するかが大きな課題といえる。

そこで本章では，地域が受け継いできた生業を停滞期から脱出するために，地域連携でなにができるかについて検討するために2つの小規模産地を回復した事例を分析する。この分析に基づき，地域固有性ある生業を次世代に継承するにはどのような取り組みが必要かについて考察する。

第2節　官学連携による福崎町もちむぎ産地の継承

兵庫県立大学では福崎町と官学連携して，2012年度から福崎町の特産品であるもちむぎの普及促進を大学生が挑戦している。これは地域の特産品であるもちむぎの普及を次世代に広げようという観点から，兵庫県立大学の大学生と連携してレシピ開発をおこない地域の食育教室やお祭りにその成果を還元しながら，地域活性化につなげていこうとする取り組みである。兵庫県立大学の学生団体であるDENが，もちむぎの栄養機能を活かした親子で楽しめるレシピを30開発して，大手のレシピサイトであるクックパッドに掲載して，ユーザー評価を得た。このユーザー評価を参考に，実際に町屋カフェでもちむぎを活用したテストランチを提供して，実際の消費者に評価をしてもらい，レシピの改善を進める取り組みである。クックパッドへの投稿も大学生以外の地域からの投稿もでてくるなど，自律的な動きがおこりつつある。さらに，福崎町のもちむぎの栄養効果も実際に測定して，レシピと一緒に掲載する小冊子を作成し好評を得ている。

1）継業への主たる貢献

これらの取り組みの結果，栽培農家数が増えるなどの効果もでてきている。栽培当初から取り組みがはじまった2012年度までは10haの栽培面積を維持してきたが，その栄養機能が注目されたこともあり，2014年度は25haに拡大し，さらに2015年度は35haに拡大することになった。さらに，開発されたレシピの中から，もちむぎドレッシングを商品化しようという挑戦もはじまっている。名前もドレッシングではなく，かけるもちむぎとして，地域でがんばっている生産者や村づくりグループが，自信をもって提供したい自慢の野菜を選び，それにかけてもらおうというコンセプトで開発がすすめられた。この製造については地域の作業所において障害者の仕事として取り組むことが検討された。さらには，地域のもちむぎを生産する営農組合が中心となり，「もちむぎポン」というもちむぎのポン菓子を製造し，プレーン，塩味，甘味の３つの味で売り出し，好評を得ている。この「もちむぎポン」を活用した新たなレシピづくりも大学生たちが始めている。農家による６次産業化も視野に取り組みの輪が広がっている。

2）地域の消費者との関係のセットアップ

この取り組みの地域連携によるセットアップ効果[(1)]はどのようなものであろうか。これまでは栽培者に近い高齢世代を中心にもちむぎの特産品の利活用がなされてきた。そのため，地域に住む次世代がその利活用を考える機会に乏しかったといえる。特に，60歳以下は地域への意識が60歳以上に比べて低い傾向があるため，地域を意識した取り組みへの参加率が低くなる傾向がある。その輪を広げるために，世代間連携での商品開発やレシピ開発を行うことで，食や子供といった若手世代が関心を得やすいテーマを入り口とすることで，地域とふれあう機会が増え，もちむぎの特産品化にたずさわる周辺参画の輪がひろがった。結果として次世代価値が高まり，生産面積と栽培農家の拡大に結び付いていく可能性が高まった。2017年には，これらの取り組みを発展させて，福崎町の地方創生事業の一環として，次世代への波及効果をさらに高めるために機能性栄養表示を取得するプロジェクトを地域連携で実施している。50歳未満の子育て世代をターゲットに，好まれるパッケージとリーフレットを作成し，簡単なレシピを掲載するなどの取り組みへと発展している。

3）生産者との関係のセットアップ

地域連携による福崎町の地方創生事業では，地産構造のセットアップにも取り組んでいる。これまでは米澤もち２号という品種が地域固有種として栽培し，地域唯一のもちむぎ産地として，固有性を発現してきた。ところが，昨今のもちむぎブームの中で，福崎町より経営面積の広いもちむぎ産地が出現し，外国産の品種も含めて新たな競争時代に突入している。さらに，四国129号や136号といった，米澤もち２号よりも育てやすく収量が多く，水溶性食物繊維が豊富な機能性が高い品種の普及がはじまっている。そのようなブームの風を受けた新たな品種の登場による競争激化の中で，米澤もち２号を保有する地域固有性を引き継ぐべきか，新たな品種に転換すべきかが問われた。そこで兵庫県立大学と福崎町で，どの品種が消費者が好むかを明らかにする，食べ慣れによる比較調査を行った。その結果に基づき，米澤もち２号と新品種の栽培戦略を検討し，地産構造をセットアップする試みがはじまっている。

第３節　地域連携による神河町茶産地の継承

次に，小規模産地の継承事例として，兵庫県神河町における「神河町お茶園継業セットアッププロジェクト有限事業組合（LLP)」の事例を分析する。「神河町でのお茶園継業セットアップ事業」は，「地方創生に資する金融機関等の『特徴的な取組事例』」に選定されている。2015年５月に，神河町観光協会の従業員から，兵庫県立大学環境人間学部のエコ・ヒューマン地域連携センターに，神河町の６haのお茶園の生産組合が解散するため，「悲しんでいる地域住民がいるので，なんとかならないか」という相談があった。そこで，地方創生関連で連携を目指していた但陽信用金庫に状況の確認，特に事業継続性を調査するように依頼した。当地で生産されるお茶は，江戸時代に京都の宮家から「仙霊」の銘を賜るなど，物語性を有しており，隣接する朝来等でも２haでお茶園の家族経営が成立しているケースが確認されたため，新規就農者が継業(2)できる十分な地域資源であると判断されるケースであった。そこで，信用金庫，大学，神姫バスの三者が連携して，地元向けに廃業する茶園を，継業者につなぐまでの中継ぎを一緒にしませんかという呼びかけを７月に行った。その結果，地域からも協力を得ることが確定したため，廃園した茶園の環境を，引き継ぐ若手就農者が決まるまでの間に，再生し，さらによいビジネス環境となるようにセットアップすることをコンセプトにプロジェクトを始めることになった。

1）主たる継業への貢献

この茶園の再生活動には80名の方が，地域の内外問わずに参加し，就農希望する候補者も数名現れるなど，事業継承に向けた世代間連携に結び付いた。このような成果を受けて，正式に地域から土地を借り受ける環境を整えるために，有限責任事業組合を2016年１月19日に設立した。その主たる構成メンバーは，会長をまちづくり協議会・商工会会長として，区長２名，元お茶生産組合会計，茶葉でウーロン茶にして販売している方，新規就農を希望している若手が組合員となっている。この事業組合の特徴は，信用にたる新規就農者が現れた場合に，早期に解散することを前提とした組織である点に特徴がある。それは最大継続２年間というデッドリミットがついている点である。事業目的は，生産組合が解散して耕作放棄地となったお茶園の維持・管理・生産・販売および新規就農者の募集と事業継承である。そして，2018年３月，無事に継承者が決定された。

2）地域の消費者との関係性のセットアップ

５月に新茶を摘み取り，地域内消費を拡大させつつ販路開拓することを目指している。特に新茶以外で今まで使われてこなかった，お茶の副産品の商品化に取り組んだ。新茶は大学の地域連携部門とデザイナーが組んで２種類の新パッケージを作成して販売にこぎ着けた。金融機関と大学が連携して，地域の16カ所の販売先を開拓した。その内訳は神河町内12カ所，姫路市内４カ所となった（2016年８月現在）。一方で，荒茶の収量は茶工場の受付時期が６月までであり，さらに素人が手伝ったこともあり秋整枝やお茶の摘み取りが未熟な課題もあり，最終的には収量は生茶で5.0t（荒茶1.0t）にとどまり，当初の見込みの1/3となった。一方の収入は，JA買い取りではなく，直接販路開拓し，販売価格を100g750円から900円に販売価格をあげ地産地消で販売するモデルとしたため，従前の農家買い取りの販売価格と同程度となった。以上の実験結果から，あらたなビジネスモデルとなり，最低限持続可能なモデルが確立された。今後は冬にウーロン茶と紅茶を新茶の在庫とあわせてセット販売していくとともに，お茶の副産品で販売等をおこなっていない粉茶や茎茶をつかった商品開発を進める予定である。地元神河町でも特産品のゆずとあわせて，アイスクリームが開発され販売がはじまっている。さらに，紅茶については，地域の喫茶店の名物として提供しようという試みがされている。お茶の地域固有性を生かしたJAを補完する地域の消費者とのセットアップが多様な主体の参画によりはじまっている。

3）生産者との関係性のセットアップ

江戸時代に畦畔で始まった茶栽培の導入期から，戦後に規模拡大が行われた成長期，都市農村交流事業やまちづくり事業が行われた成熟期を迎える中で，経営環境の体質改善が行われないまま飽和点を過ぎ，茶園が廃園に至った特に，この神河町の大山南部茶生産組合は，お茶のオーナーなどの神崎ふれあい茶園や，仙霊茶のまちづくりへの活用など，都市農村交流に積極的に取り組んできた交流先進モデルでもあった。しかしながら，高齢化の中で，交流価値を次世代価値につなぐ試みを戦略的に進めることができず，天候による不作などの影響もあり廃園をきめた背景がある。この事例における世代間連携デザインのポイントは，新しいビジネスを興すのではなく，これまで高齢世代の組合組織によって引き継がれてきたものを，期間限定で中継ぎする世代間連携の仕組みをつくったことである。

第4節　小規模産地の回復過程の分析

1）「翻訳」の概念に着目した分析

アクターネットワークにおける翻訳は，あるアクターを起点に，数多くの

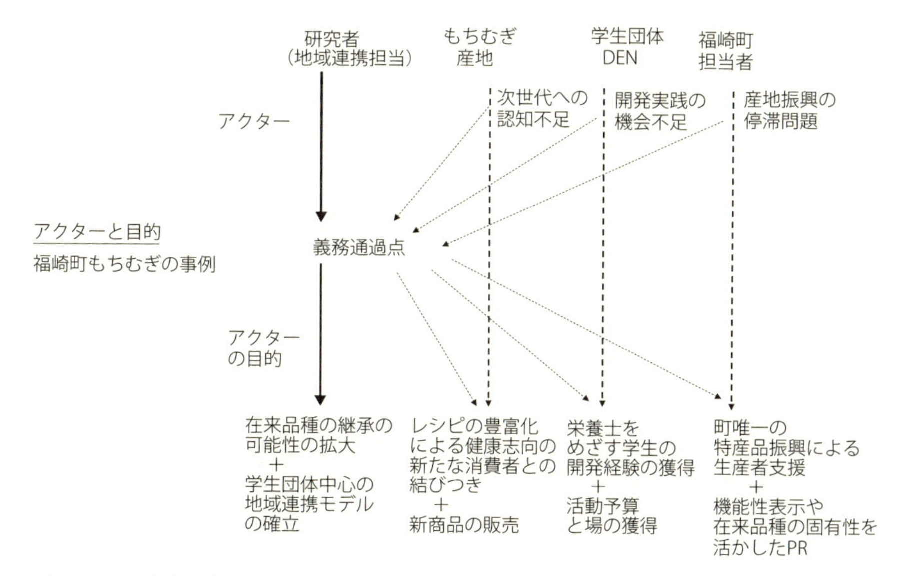

図15-1　問題提起とアクターの変化（もちむぎ産地の事例）

出所：カロン（1986）を参考に筆者作成

アクターがねらいを変化させながら一緒に行動変革する過程である。ここでは，大学を起点にCallon（1986）が翻訳の過程とする４つの枠組み（問題提起，興味の誘引，役割付与と調整，動員）から，翻訳を単純化し一般化をはかる。

図15-1はもちむぎ産地における問題提起とアクターの変化を図化したものである。第１の問題提起に関しては，大学の地域連携部門が他のアクターの思惑を整理し，それぞれの問題提起をおこなっている。もちむぎ産地の場合は福崎町からの町唯一の特産品の振興を続けたいという依頼に対して，在来品種に対する次世代への認知不足を問題提起した。この解決として既存の地縁ネットワークでの産地振興の取り組みに変わり，健康志向の親子をターゲットにした若い世代によるレシピづくりとSNSでの拡散により，新たな消費者との結びつきを拡げようと提案した。第２に興味を引き，既存の地縁ネットワークの関心をひきながら，新たな交渉を進める段階である。栄養士

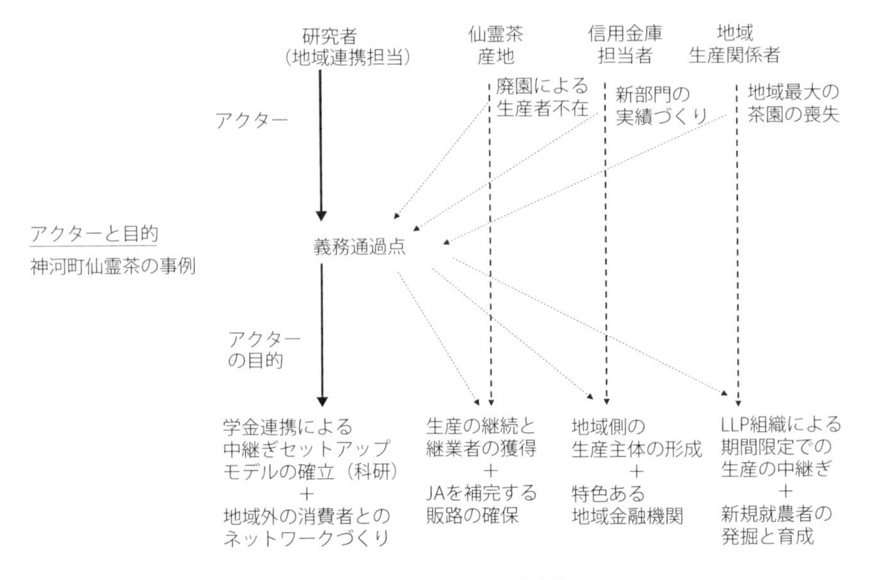

図15-2　問題提起とアクターの変化（茶産地の事例）

出所：カロン（1986）を 参考に筆者作成

になることを目指す大学生があつまる学生団体がレシピ開発し，SNSレシピサイトに投稿し，人気の高かったメニューを実際に町家カフェで提供してアンケートを実施し，若い世代のもちむぎに対する関心を調査しレシピ集とともに地域に還元した。第３に役割の付与と調整である。学生団体が地縁ネットワークの中で実施される親子食育教室を開催するなど，若い世代が中心となる新たな取り組みに対しての地域からの応援を得る活動を進めた。第４に他のアクターを巻き込む動員である。福崎町の担当課が中心となり，生産者との関係性の強化をはかり，栽培面積の拡大をはかった。一方で，開発されたレシピを生かした作業所でのドレッシング製造や，より地域の収入が増加するように，もちむぎのポン菓子といった新商品の開発，機能性栄養表示を取得した精麦もちむぎの販売などをすすめ，もちむぎの産地構造の強化をおこなっている。

図15-2は，茶産地における問題提起とアクターの変化を図化したもので

ある。第1の問題提起に関しては，引き継ぐことの心理的な負担を下げるために，「中継ぎ」というコンセプトを示し，新規就農者が現れるまでの期間限定での茶園の継業を提案している。第2の興味を引く段階においては，地縁ネットワーク外での援軍となりうるアクターの発掘を進めた。地元の信用金庫の地域創生担当者と連携して，学金融連携での安心感を醸成するとともに，誘引として300年近く茶産地づくりを進めて来た歴史を活用し，地元バス会社や在来種保存会，周辺産地の大規模農園，中核都市の小売業者などの消費者と関係性をもったアクターの関心を高め，茶園再開への参画交渉を進めた。第3は役割の付与と調整である。内外の関心をもった新たなアクターを集めて再開を求める会合を行うとともに，茶園の再整備活動を内外の人材100人以上と一緒に実施した。地域外からの茶園再開への期待の高さを地縁コミュニティに示す活動となった。第4はアクターを巻き込む動員である。地元の信用金庫がハイパーコネクターになり，地域で栽培を再開し期間限定で生産体制できる体制に再編しLLPを設立した。さらに，学金融連携で生産したお茶が販売できるように，神河町や姫路市を中心に小売業や商店にお願いして，お茶を生産すれば販売できる経営基盤を確立した。

2）ANT埋め込み分析

それでは，それぞれの事例について，翻訳の結果，具体的にアクターネットワークがどのように埋め込まれたについてみてみよう。**図15-3**は福崎町のもちむぎ産地の事例，**図15-4**は神河町の茶産地の事例において，停滞期から脱出するために，どのような既存の地縁ネットワークからの一時的切り離しと，新たなアクターネットワークの埋め込みが行われたかを示した図である。

図15-3は福崎町もちむぎ産地の停滞期から脱出するためにセットアップされたアクターネットワークの構成である。若い消費者との関係構築が目指され，官学連携での新たなアクターネットワークの埋め込みが目指された。そのため，これまでの生産組合や振興センター等の地縁ネットワーク中心の

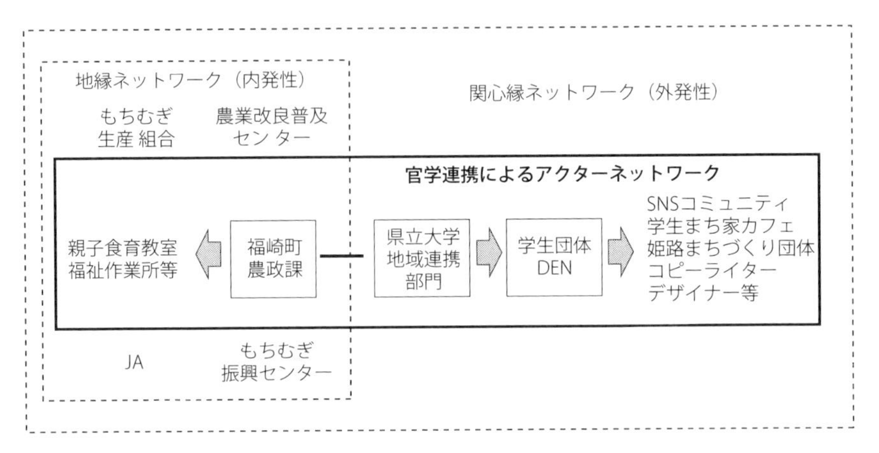

図15-3　アクターネットワークの構成（福崎町もちむぎの事例）

出所：筆者作成

構成から一旦切り離しを行い，福崎町農政課がハイパーコネクターとなり地縁ネットワークの再編が行われている。一方，新たな若い消費者との関係性を構築するために，大学の地域連携部門および学生団体が関心縁ネットワークを広げるためのハイパーコネクターになり，地方中核都市である姫路市を中心に，レシピの共同開発とSNSに投稿をひろげ，中心とした若い世代の消費者との関係構築が図られた。その結果を受けて，若い世代の消費者に好評をうけたレシピを，親子食育教室や福祉作業所の新たな商品開発の中で地縁ネットワークに還元することで，これまでのもちむぎ振興センターの活動を補完する形で，生産者との関係性の再結合がはかられている。

一方の**図15-4**は神河町茶産地の停滞期から脱出するためにセットアップされたアクターネットワークの構成である。福崎町と違い生産組合の解散という喫緊の課題解決が求められたため，地縁ネットワークにおける生産者との新たな関係性の構築と，生産されたお茶を購入してもらえる消費者との関係性構築が短期間のうちに同時平行で行う戦略で，学金融連携によるアクターネットワークのセットアップがすすめられた。地縁ネットワークの切り離しと再埋め込みについては，信用金庫の地方性部門がハイパーコネクター

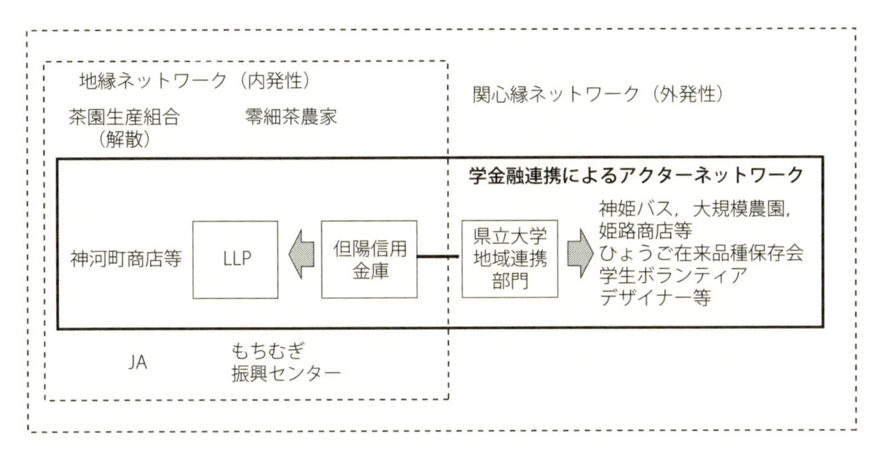

図15-4　アクターネットワークの構成（神河町茶園の事例）

出所：筆者作成

となり，LLPの結成に成功している。さらには，神河町内では自家消費のためにお茶を栽培している零細農家が多いこともあり，まちづくりや地域観光の中で，お土産物として販売可能な地域の商店の埋め込みが行われた。一方の大学の地域連携部門が関心縁ネットワークを拡大する役割を担い，コピーライター等とパッケージデザインの見直しを中心に関心をたかめるための戦略的な情報発信をすすめ，地元バス会社や姫路市の小売業者，学生ボランティア等の消費者との関係構築の担い手となるアクターの埋め込みを実現した。

以上の事例分析から，小規模産地の停滞期から脱却するためには，以下に留意して，アクターネットワークをセットアップし，埋め込みを行うことが有効となる。停滞期から脱却し回復軌道にのせるためには，小規模産地の生産物は有限であるため，地域固有性に関心がある消費者との関係性の構築を推進するアクターネットワークの埋め込みをまず重視し，関心縁ネットワークの拡大をはかるべきである。その際に地域固有性を活かし産地形成をしてきた物語がアクターとなる可能性が示唆される。その際に，内発的に構築されてきた地縁ネットワークからの期間限定での切り離しをおこなうべきである。これにより，後継者の発掘と育成，生産モデルの見直しなど，生産者との関係を再構築することに集中することが可能となる。その際に，内発的な生産構造の変革を進めるために，日頃から地域の様々な相談を受け付けるハイパーコネクター（地域人材を戦略的に連携させるアクター）の介入が有効となるであろう。

第５節　おわりに

本章で紹介した事例は，小規模産地を次世代に継承するために，アクターのネットワークをセットアップし，地域に組み直すことで，小規模産地の停滞期を脱出し，地域固有性をもった生業の生き残りの可能性を高めることを示している。いわば，従来モデルのように，地縁ネットワークの利害関係者により合意形成し，内発的に最後まで取り組むことは，野球にたとえるならば，先発完投型の住み継ぎといえよう。一方，本章で紹介したように，次世代のエージェントとして，中継ぎとなるアクターのネットワークをセットアップし，地域を住み継ぐ価値を高める地域連携の取り組みが，今後ますます必要になってくるのではないだろうか。特に，農地等の自然資産は手を入れずに放置している間に荒廃して，改めて放棄地を開墾しなければならなくなるといった悪循環も生まれている。今回の小規模産地のように手入れが必須な自然資産の場合は特に，継業の空白期間が長引けば長引くほど，生業をリスタートするための修復・再生といった手の入れ直しコストがかかる。事実，茶園の再生作業には，３日で105名332時間の動員となった。つまり，この空白期間が地域の生業の継業を妨げるひとつのボトルネックになっているといえる。さらに誤解を恐れずにいえば，地域の生業を引き継ぐ場合に，継ぎたいひとに自己責任を押しつけて，このような負担を背負わせることが本当に社会的に公平なことなのであろうか。むしろ，地域の生業であるのであれば，地域再生のために社会でその手の入れなおしを分かち合うことが，よりよい状態で継ぎ手となる次世代に引き渡すことができるのではないだろうか。

注

（1）セットアップとは各業界で様々に使われている概念であり，パソコン用語では，利用できるように環境設定等を行う作業のことをさす。ファッション用語では，上下の素材や色は違っても，組み合わせることによって統一感ある着こなしができるものを指す。野球用語の類語に，セットアッパーがあり，中継ぎ投手のことを指す。このような各世界のセットアップの定義を援用して，継業の課題に当てはめた。

（2）地域再生の視点から，継業の学術的研究もはじまっており，筒井他（2015）は移住者獲得の視点から，澤野（2015）は若年女性の社会参画の視点から，継業の研究に着手している。

参考文献

Michel Callon(1986) “Some Elements of a Sociology of Translation: Domestication of the Scallops and the Fishermen of St Brieuc Bay.” pp.196-233 in Power, Action and Belief: A New Sociology of Knowledge, edited by John Law. London: Routledge & Kegan Paul.

伊賀光屋（2005）「品質構築のためのフレーミングとディカップリング：「有りがたし」のフレーミングと「よしかわ杜氏の郷」のアクター・ネットワーク」『新潟大学教育人間科学部紀要　人文・社会科学編』第7巻第2号，181-196頁。

内平隆之（2017）「地域連携で小規模な産地を引き継ぐ」『住み継がれる集落をつくる：交流・移住・通いで生き抜く地域』学芸出版社。

澤野久美（2015～2018）「移住者を含めた若年農村女性の起業・継業を通じたエンパワメントに関する実証的研究」『科学研究費若手研究B研究課題番号：15K18754』

筒井一伸・佐久間康富・嵩和雄（2014）『移住者の地域起業による農山村再生』JC総研ブックレット，筑波書房。

筒井一伸・佐久間康富・嵩和雄（2015）「都市から農山村への移住と地域再生：移住者の起業・継業の視点から（特集　地方をめぐる昨今の議論と農村計画学研究　地方をめぐる昨今の“本質的”な論点）」『農村計画学会誌』第34巻第1号，45-50頁。

李炳夏（2016）「組織改革のもう一つの次元，アクターネットワーク・ストラテジー」『阪南論集　社会科学編』第51巻第2号，63-80頁。

終章
地域固有性の発現による農業・農村の創造

中塚　雅也

第１節　地域固有性をめぐる発見事実

最終章である本章では，第１部から第３部までの全15章の振り返りをふまえて，地域資源の維持や創出と，農業・農村の内発的発展を両立させるためのフレームを，「地域固有性」をキー概念に据えて示すこととする。

まず，第１部では，地域固有性を巡る領域を超えた知見と言説の整理を試みた。地域固有性に関連する用語の確認から始めたところ，文脈に応じて幅広い意味で使われ，重なるところもありながら，品種，すなわち遺伝子の世界で展開される生産性の向上（品種改良の進展）という軸と，それとは異なる土地や人との関係性（人の認知や相互作用）の軸の中で位置づけられることが分かった。そして，グローバル化の大きな潮流の反作用（オルタナティブ）として，地域性や関係性に関連する用語が近年注目されていることも確認した。

次に，DNAの視点から植物の地域固有性の確認がおこなわれた。ここでは遺伝的組成のレベルでみることが重要で，たとえ同じ種であっても遺伝的組成は地域によって異なること，そして，その異なりが種の保全において重要であり，無知による攪乱が現代的な課題になっていることが示された。次いで他方で，個体レベルで生物の地域固有性を検討した。この場合，動物の移動を考えれば分かるように，生物は生息地域の境界設定が難しく，どの範囲で「地域固有」とするかが問題となること，しかしながら，地域固有性を

「おそらく，その地域に分布し続けてきた種が残存している状態」とあえて曖昧な概念のまま積極的に用いることが，基礎情報の蓄積と生物多様性を保全する上で有効であることなどが示された。また，暮らしに密着した身近な植物については，人の利用の中で地域固有性が高まり，同時に，その植物によって人の暮らしの固有性も育まれるという相互作用があること，そして，近年は，そうした関係性が失われつつあることが指摘された。

さらに，農業や暮らしの基盤となる土壌についても整理をすすめたところ，そもそも土壌はその土地が有する気候や母材（岩）などの自然の成り立ちの中で生成されたものという意味では地域固有であるが，田畑などでは生産性向上のために表層面では画一化に向かっていること，そして，固有性の維持には固有の作物を固有の方法で栽培することが重要であることが確認された。

最後には，農村集落という空間に焦点を移し，その固有性にも言及をすすめた。ここでは，集落空間を把握するための視点を改めて確認した上で，その視点を援用することが，その集落の固有性抽出を助け，その探究プロセスが集落の維持に繋がるという考えが提示された。

第２部では，農業の現場に焦点をあて，地域固有とみなされる品種がどのような特性をもち，地域の自然環境や社会経済と，どのような関係性のもとで活用されているのかについて，その課題や評価なども含めて遂行した実証的研究の結果をまとめた。

ここでは，兵庫県篠山市の丹波黒大豆と京都府伊根町の薦池大納言の２つの在来品種を主な事例としてとりあげ，まず，その特産化プロセスについて分析した。その結果，ともに一部の農家などの生業的な栽培を起点とするが，取組を続ける中で関わるアクターが増加し，その相互作用によって地域固有のものとしての認知が強化されながら特産化が進むことが明らかにされた。

また，関連して，そうした在来品種の遺伝特性の分析をおこなった。結果，在来品種の薦池大納言は，他の小豆と差別化できる優良な特性をもつと同時に，それらは当該地域における選抜の結果として遺伝的に強く制御されており，栽培環境から受ける影響は小さいことが明らかにされた。つまり，薦池大納言は，どこでも栽培可能であり，さらに言えば，今の栽培地が必ずしも最適な環境でない可能性もあるとの指摘である。このことは，特産化した在来品種であっても，環境が類似する他地域でも栽培可能であるばかりか，圃場レベルでより適した場所が他地域に存在するという，産地の維持発展において重要な事実を遺伝学的に改めて確認したことになる。

さらに，栽培環境の一つとして，圃場の作土に注目した実験研究もおこなった。具体的には，兵庫県篠山市の丹波黒大豆栽培において，伝統的に行われていた地域資材を活用した土作りを事例として，その方法が収量や品質に与える影響を検証した。その結果，今回の栽培試験では化成肥料に大きく劣らないというデータが確認され，手間が増えるという問題は解決しなればならないが，地域循環型の土作りシステム再構築の可能性があることが見いだされた。

加えて，農薬が地域の生物に与える負の影響についても科学的データをもとに確認した。ネオニコチノイド系農薬を例とした詳細なメカニズムを示すことにより，人や動物に対して安全性が高いと思われていたものでも，想定外の毒性があること，そして「予防原則」に従いながら，農薬使用に強く依存せずに労働生産性と収益の向上を図る方向性を見据えることの重要性が指摘された。

以上のような生産に関連した研究の一方で，地域の関係主体や消費者側からの分析もおこなった。まず，地域特産品開発についての比較事例分析からは，地域固有性は，地域の資源を活用しようとする様々な主体が連携することによって次第に帯びてくるもの，極論すれば，地域固有性は（全く地域に固有でなくとも）獲得できるもの，ということが明らかにされた。さらに，一般消費者への質問票調査によって検証を試みたのは，地域社会や環境に配慮する農業やその産地に対する評価である。結果，地域・環境に配慮する農家や産地であることは，ロイヤルティが高い顧客を獲得することが可能であり，オープンな市場での競争とは別の次元で，特定の消費者との強い関係を築き，経営の安定化に繋げられると考察されている。

最後の第３部は，農村地域の内発的な発展と地域固有性の関係性を，３つの実践事例をもとに分析したものである。ここで俎上にあげたのは連携のプロセスと質である。連携すれば良いというレベルで止まりがちな議論を，いつ，誰が，どのように，というところまで進めた。一つ目の地域産品を生み出す事例分析では，大学がネットワーク形成とプロジェクト推進のアクターとなりうること，そして，プロジェクトを育てる段階では，いくつかのサブプロジェクトを生み出すこと（プロトタイピング）が重要であることが考察されている。次いで，２つ目の農村集落における空き家再生の事例分析では，空き家そのものが，媒介者（アクター）となって，地域の空き家活用の連鎖を生み出していること，そして，その展開には，質の異なるネットワークによる人と知識の拡充と，それらを繋ぐハブとなるコーディネーターの存在がアクターとして重要であることを明らかにしている。なお，ここでも，最初の小さな改修がプロトタイプとして生み出されているところにも注目しておきたい。最後の３つ目の事例分析では，小規模産地の継承と再生が取り上げられた。ここでは，これまでの延長線上にない新たなアクターが中継ぎ（セットアッパー）となり，課題や条件を再設定（リフレーミング）することで，円滑な継承が可能となることが示された。

第２節　農業・農村の発展のためのもう一つのフレームワーク

以上の結果をもとに，地域固有性の発現による農村・農村の内発的な発展のフレームワークを考察し，概念図として示したものが**図終-1**である。

中央に示すのは，地域資源と地域の社会活動の関係性である。近代化と総称されるこれまでの取組は，地域固有の環境を出来る限り平準化し，農業においては，農薬利用による野生動植物の排除，そして化成肥料の利用などにより，環境から受ける影響を極力無くすようにしてきた。つまり，地域資源の豊かさや多様性を低減させることによって，地域の社会経済活動を向上させ，農業そして農村の発展を遂げさせてきたのである。逆に地域資源の豊か

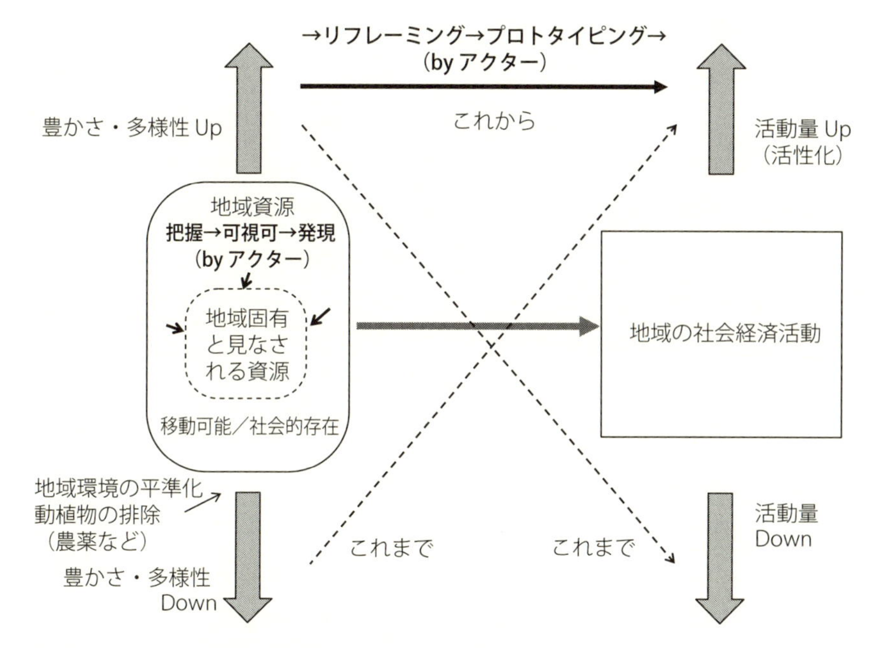

図終-1　地域固有性の発現による農業・農村発展のフレームワーク

さや多様性を高めることは地域の社会経済の停滞につながり，結果として，地域資源の保全と経済発展はトレードオフの関係にあったと考える（図中，クロスする破線）。

しかしながら，これから目指すべき方向性は，地域資源の豊かさ・多様性の向上を，地域の社会経済活動の向上に繋げるという方向性である（図中，上部の実線）。このことは基本的に，持続可能な開発やSDGsで示す方向性と同じものではあるが，単なる理想論でなく，実現可能性をもつという根拠を断片的ではあるがデータや論理で明らかにしてきた。

その際，中核となり起点となるものが地域固有性とその発現である。繰り返し述べられてきたように，地域固有性は，相互作用による認知的な概念であり，社会的な存在である。地域固有と表現されながら，そもそもその地域に固有でなかったり，移動可能であったりする。ここで大事な認識は，地域固有性は，どこの地域であっても「発現」されるという事実である（一方で，簡単に失われてしまうことにも留意しておく必要がある）。そのためには，「地域固有と見なされる資源」，「地域固有らしき資源」を把握すること，そして，可視化され内外で共有されることが重要である。そこで必要となるのは様々なアクターの関わりである。地域固有性が相互作用に基づく概念であることを踏まえると自明のことではあるが，取り上げられた諸事例でもアクターの相互作用が確認されている。

次のステップで求められるのは，こうして発現された地域固有の資源を，地域の社会経済活動へ具体的に繋げるプロセスである。そのプロセスで必要とされるのもアクターのネットワークである。そして，こうしたアクターが多角的な視点を持ち込み，地域が抱える課題をリフレーミング（視点を変えて再設定）すること，その上でさらに，プロトタイプとなるプロジェクトを生み出すことが重要であり，そのプロトタイプそのものがアクターとして機能することにより，取組の持続的な発展が進むと理解する。このように，地域固有性の発現を起点した一連のプロセスを，地域内外の多様なアクターの相互作用により進め，繰り返すことにより，地域の社会経済活動が活性化する（活動量 UP）と考えられる。

以上，本書では，地域固有性という，一部において，ともすれば曖昧なものに改めて着目して，地域固有性をどのように理解すればよいか，また，それを守り，活かすことを農業・農村の発展に繋げる道筋はないか，ということを課題にして議論をおこなってきた。最初に述べたように，これらはグローバル化の大きな流れのなかでは小さな潮流かもしれない。しかしながら，本書で明らかにした諸事実と，最後に提示した地域資源の豊かさと多様性の向上，そして地域固有性の発現に基づく農業・農村発展のフレームは，もう一つの発展による農業・農村の創造の可能性を示すものと考えている。

なお，本書はJSPS科研費，基盤（B），特設分野研究：食料循環研究，「アクターネットワークによる地域固有性の発現と農村発展モデルの確立」研究代表者　中塚雅也，2014-2018年，研究課題番号26310309の研究成果の一部をまとめたものである。中心となったのは神戸大学大学院農学研究科地域連携センターに関連する研究者であり，その意味では本書は地域連携センターの成果の一部とも言える。また，本課題には社会科学分野および自然科学分野の研究者が共同で取り組んだ。学際的アプローチといえば聞こえがよいが，読んで頂いて分かるように成果のとりまとめには課題が多く残ると自認している。しかしながら，議論を通しての相互の刺激は大きく，新たな知見や視角を多く得た。本書がそうした学びの共有の機会となるとともに，本書が地域性を重視した研究と農業・農村の発展の「アクター」として少しばかり機能することを願う。

執筆者紹介

序章，第14章，終章
中塚　雅也（なかつか　まさや）
1973年大阪府生まれ，神戸大学大学院自然科学研究科博士課程修了，博士（学術）。神戸大学大学院農学研究科 准教授。専門は，農業農村経営学，農村計画学，都市農村関係論。

第1章，第11章
國吉　賢吾（くによし　けんご）
1983年奈良県生まれ，神戸大学大学院自然科学研究科修士課程修了，修士（工学）。有機農家。神戸大学大学院農学研究科 博士後期課程生。専門は，農業経営学，有機農業論。

第2章，第8章
吉田　康子（よしだ　やすこ）
1981年長野県生まれ，筑波大学大学院生命環境科学研究科博士課程修了，博士（農学）。神戸大学大学院農学研究科附属食資源教育研究センター 助教。専門は，保全生態学，植物育種学。

第3章
丹羽　英之（にわ　ひでゆき）
1973年京都府生まれ，京都大学地球環境学舎博士課程修了，博士（地球環境学）。京都学園大学バイオ環境学部 准教授。専門は，景観生態学，植生学，保全生態学。

第4章
伊藤　一幸（いとう　かずゆき）
1949年長野県生まれ，神戸大学農学部園芸農学科卒業後，農林水産省等にて長年研究に従事。博士（農学）。元神戸大学大学院農学研究科 教授。専門は，作物学，雑草学，熱帯農学，生態学。

第5章，第9章
鈴木　武志（すずき　たけし）
1967年大阪府生まれ，神戸大学大学院自然科学研究科博士課程修了，博士（農学）。神戸大学大学院農学研究科 助教。専門は，土壌学，肥料学，環境化学。

第6章，第15章
内平　隆之（うちひら　たかゆき）
1974年山口県生まれ，神戸大学大学院自然科学研究科博士課程修了，博士（工学）。兵庫県立大学地域創造機構 教授。専門は，建築学，地域プロジェクト論，地域連携論。

第7章
山口　創（やまぐち　そう）
1984年大阪府生まれ，神戸大学大学院農学研究科博士課程後期課程修了。博士（農学）。公立鳥取環境大学環境学部 講師。専門は，農村計画学，農業経営学，ナレッジマネジメント。

第10章
星　信彦（ほし　のぶひこ）
1958年東京都生まれ，北海道大学大学院獣医学研究科博士課程修了，医学博士，獣医学博士。神戸大学大学院農学研究科 教授。専門は，細胞分子遺伝学・動物分子形態学，環境分子遺伝学。

第12章
髙田　晋史（たかだ　しんじ）
1982年京都府生まれ，京都府立大学大学院生命環境科学研究科博士後期課程修了。博士（農学）。島根大学生物資源科学部 助教。専門は，中国農村社会論，グリーン・ツーリズム論。

第13章
髙嶋　正晴（たかしま　まさはる）
1969年京都府生まれ，立命館大学社会学研究科博士後期課程修了。博士（社会学）。立命館大学産業社会学部 教授。専門は産業論，グローバリゼーション論。

地域固有性の発現による農業・農村の創造

定価はカバーに表示してあります

2018年3月30日　第１版第１刷発行

編著者　中塚雅也
発行者　鶴見治彦
筑波書房
東京都新宿区神楽坂2-19　銀鈴会館　〒162-0825
電話03（3267）8599　www.tsukuba-shobo.co.jp

印刷/製本　中央精版印刷株式会社
ISBN978-4-8119-0532-7　C3061